# 特許を取ろう！

## 技術者・研究者へ贈るコツとテクニック

宮保憲治／岡田賢治 共著

東京電機大学出版局

## はじめに

　本書の基礎となった前著『技術者・研究者のための特許の取り方』は，おかげさまで多くの中堅技術者，大学教員，医学関係者の方々からも好評を博しました。

　前著が出版されて5年が経過し，少しでも多くの技術者に「特許取得」を身近なものとしていただくことに鑑み，より平易な技術を対象として読者層を広げてほしいとの要望が多く寄せられたのが，本書の執筆に至った経緯です。

　多くの技術者は，わずかな「ひらめき」に日々遭遇していることと思います。しかし，「ひらめき」の片鱗を「特許」のレベルにまで引き上げるためには，ある程度の専門的な訓練と精神的な忍耐力が必要です。専門的な訓練とは，アイデアを発明のレベルまで引き上げるための思考プロセスを修得することや，権利化に必要な文書の作成方法を学ぶことなどが該当します。また特許出願後は，特許庁からの拒絶理由へ対処するための基礎知識を習得する必要があります。

　みなさんは，「発明」あるいは「特許」という言葉を聞いたときに，それは特殊な能力を持った技術者でなければ，成し得ないものだという先入観を持っていないでしょうか。できることならば「発明」を行い，産業界で貢献できるように自身の技術力に磨きをかけたいと思ったことはないでしょうか。実際に，理系大学院生や企業の研究・開発に携わる中堅技術者層の方々からも，多くの有意義なご意見を賜りました。前著では「特許の創作」にあたって必要となる課題の整理法や実践的な手順を述べ，出願の段階に漕ぎ着けるまでの基本的な考え方や対処法を解説しました。本書においてもこの基本的なスタイルを踏襲し，さらに多くの技術者が興味を抱くと思われる身近な技術を例に挙げて解説しています。

　特許出願に必要となる文書の作成方法に加え，「特許庁により出願特許が拒絶された場合の意見書や特許請求範囲の精査と修正方法」等の実践的な対処法もあわせて解説しました。

　一般的には，公開された特許公報や特許法を読んでも，複雑過ぎて内容の理解に多くの時間を費やす場合も多いと思います。特許法にかかわる条文は抽象的な内容を含んでおり，特許出願のうえで何が重要かを理解することを難しくしている面もあると思います。本書では情報通信に限定せず，広く電子・情報・システム工学，医療工学等の分野においての特許出願事例も扱いました。発明の動機が

発明のレベルに至るまでの思考過程を，具体的な事例をもとにして解説しました。また，これらの事例を通じて，発明の実現に必要な思考法や特許成立に必要不可欠となる要件や，特許請求項の記載方法を学ぶことができます。

　本書は，情報工学科，電気・電子工学科，機械工学科，医療工学科等に所属する理系大学院生はいうまでもなく，若手技術者や事務系管理職として知的財産を扱う方々にも役立てていただけるよう，執筆しました。

　また上記の状況や読者からのご意見を参考に，第 II 部　特許制度の概要では事例を含めて解説するとともに，各種出願形態の具体例の充実化を図りました。特に，出願後の拒絶対応が重要視されている最近の状況に鑑み，知的財産部門に従事する方や若手技術者が初めて特許出願を行った後，拒絶理由を経験した場合にも対応方法が理解できるように具体例を交えて解説しました。補正書・意見書の事例を盛り込み，さまざまな事例にも対応できるように留意しました。

　本書に盛り込んだもう 1 つの工夫は，特許の創作上，読者に役立つと思われる，特許検索の方法や活用法や，特許に関わるエピソードを含めた「コラム」欄の充実化を図ったことです。また，この 5 年間での特許法の一部改正に鑑み，現時点（平成 29 年 3 月）での特許法に対応して解説を行いました。

　これらの一連の工夫により，読者が本書の学習スタイルから一歩離れ，リラックスしながら特許談話を「深掘り」する時間がとれるように配慮しました。

　このように内容を充実することにより，本書 1 冊だけでも特許の創作と取り方にかかわる基礎的な知識の修得は十分に行えると思います。

　多くの現場で活躍されている技術者の方々に「アイデア」を特許化するための，ヒントを提供できれば，このうえない喜びと考えています。

　筆者らの 100 件以上にわたる特許出願の経験をもとに，具体的でかつわかりやすい実例を織り交ぜることにより，実践的な発明の創作法，利用方法，拒絶理由に対する対応策等を総合的に理解していただくことが本書を出版する目的です。

　本書が我が国の知的財産の蓄積に，少しでも役立つことを願っています。

　筆者らの浅学非才を顧みず，類書には存在しない本書の企画・出版をご支援いただいた東京電機大学出版局の関係各位に謝意を表します。

2017 年 4 月　　著者らしるす

## 本書を読み進めるにあたって

　特許の創作はもともと，広く産業界の進展に貢献することが目的です。すなわち，工学的な考え方を基礎としつつも，文系・理系を問わず日常生活の質の向上や社会福祉に貢献できるところに存在意義があると思います。

　本書では対象を広く若手技術者や文系・理系大学院生にまで広げ，筆者らの考案した発明を含めるとともに，人文・社会系の業務に携わる方々にも馴染みやすい技術テーマを選定しました。

　前著『技術者・研究者のための特許の取り方』で解説した「発明の方程式」「発明のステップ1～3」「ニーズ指向とシーズ指向」の考え方は読者層の強い支援を受けました。このため一貫して本書のバックボーンとして踏襲することにしました。

　前著の読者の声の中には「進歩性を担保するための記述追加により，特許査定される発明事例が参考になった」「一度，拒絶されたら諦めるしかない，と誤解していた」というご意見がありました。これらを参考に，特許の拒絶査定にかかわる意見書による対策方法も過去の事例を参考に織り交ぜました。また，前著ではあまり触れていなかった特許の取り方「ノウハウ」にも対応できるように，解説を充実しました。

　前著では，高度な光通信システムや電子工学の技術を前提とした解説を主目的にしていましたが，本書では前著で扱わなかった，より身近にある技術を選定しました。前著で解説した技術と比べ，より実用的な事例を扱ったことにより，前著の読者にも十分に満足いただけると思います。高度な光通信システムや情報通信技術にかかわる話題に興味のある方は，前著を参照していただきたいと思います。

**目 次**

# 第 I 部 アイデアから特許まで　1

## 第 1 章　特許になるアイデア，ならないアイデア　2

1.1　発明とは　2

1.2　新規性　2

1.3　進歩性　3

1.4　先願　7

## 第 2 章　「ひらめき」から具体的な発明まで　9

2.1　アイデア創出から発明の抽出まで　9

2.2　ニーズ指向型の発明の創出プロセス（その 1）　13

2.3　ニーズ指向型の発明の創出プロセス（その 2）　19

2.4　シーズ指向型の発明の創出プロセス（その 1）　21

2.5　シーズ指向型の発明の創出プロセス（その 2）　25

2.6　シーズ指向型の発明の発展　29

## 第 3 章　応用的な発明事例　30

3.1　請求項の書き方の指針と記述例　30

3.2　放射線量検出アラーム器具の請求項と特許実施例　33

3.3　可視光を用いた暗号通信方式の請求項と特許実施例　40

3.4　遠隔通信制御システムの請求項と特許実施例　55

第 **II** 部 **特許法の基礎**　67

第 **4** 章　**特許制度の概要**　68

4.1　特許法の第一歩　68

4.2　発明にかかわる権利　71

第 **5** 章　**特許出願を受けるための条件**　81

5.1　特許要件　81

5.2　新規性（特許法第 29 条第 1 項）　81

5.3　進歩性（特許法第 29 条第 2 項）　83

5.4　先願（特許法第 39 条第 1 項，第 2 項）　85

5.5　拡大先願（特許法第 29 条の 2）　88

5.6　単一性（特許法第 37 条）　89

第 **6** 章　**優先権出願と分割出願**　91

6.1　優先権出願（特許法第 41 条第 1 項）　91

6.2　分割出願　95

第 **7** 章　**出願審査請求と出願公開**　101

7.1　出願審査請求　101

7.2　出願公開　105

## 第8章　拒絶理由とその対応　107

8.1　拒絶理由通知　107

8.2　拒絶理由の種類　108

8.3　新規性違反の拒絶理由とその対策　108

8.4　進歩性違反の拒絶理由とその対策　111

8.5　記載不備の拒絶理由とその対策　114

8.6　拒絶理由への対抗　118

8.7　補正の制限　119

## 第9章　査　定　124

9.1　特許査定　124

9.2　拒絶査定とその対応　124

## 第III部　外国特許の取得と特許調査　127

## 第10章　外国出願の必要性と種類　128

10.1　外国出願の必要性　128

10.2　パリ条約による直接出願　129

10.3　特許協力条約による国際出願　131

## 第11章　公開情報の読み方　134

11.1　公開情報と種類　134

11.2　公開特許公報の内容　135

11.3　特許公報の内容　137

目 次　vii

**第12章　特許調査　140**

　　12.1　特許調査の必要性　140

　　12.2　特許調査の方法　146

**コ ラ ム**　1　弁理士との相談　8

　　2　水晶振動子　25

　　3　ノウハウと特許の関係　32

　　4　特許と論文の違い　39

　　5　周辺特許　55

　　6　技術分野の変遷に対応する特許対象　64

　　7　進歩性を否定された消しゴム付き鉛筆の発明　85

　　8　世界の先願主義　86

　　9　特許調査で得られる情報　152

**参考文献**　152
**参考特許**　152
**索　　引**　154

第 I 部

# アイデアから特許まで

第 1 章　特許になるアイデア，ならないアイデア

第 2 章　「ひらめき」から具体的な発明まで

第 3 章　応用的な発明事例

## 第1章

# 特許になるアイデア，ならないアイデア

## 1.1 発明とは

　アイデアにはいろいろな種類があります。お笑いの受けるネタや，ゴルフやテニスのうまく打つためのスキルもアイデアの一種です。ところが，特許の対象となるのは産業上の技術的なアイデアだけです。これを特許法上では「発明」といいます。特許法の第1条に「この法律（特許法）は，産業の発達に寄与することを目的とする」と記載されているように，特許法は，産業の発達に寄与するようなアイデア，すなわち発明を保護しています。

　つまり，産業上の技術的アイデアすなわち特許法上の「発明」でなければ，特許の対象にはなりません。

## 1.2 新規性

　特許法上の「発明」であれば，どのようなものでも特許になるかというとそうではなく，新しいことかつだれもが考えつかないという条件が課せられます。「新しいこと」という条件と「だれもが考えつかない」という条件について，以下に例を挙げながら説明します。

　たとえば，フィラメントの発熱や蛍光管しかないときに，発明されたLED発光素子は「新しいこと」と「だれもが考えつかない」という条件を満たすために特許を受けることができます。しかし，発明の多くはそれまで存在したアイデアの組み合わせたものです。やっかいなことに，組み合わせの妙で，特許になるア

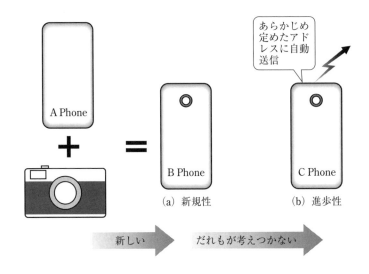

**図1.1** 特許になるアイデア，特許にならないアイデア

イデアと，特許にならないアイデアの境界があります。図1.1にその概念を示します。

　まず発明が特許される最初の条件は，「新しいこと」です。たとえばそれまで，スマートフォンとディジタルカメラはそれぞれ別個に存在していましたが，ディジタルカメラの機能を組み込んだスマートフォンが存在しなかった場合に，ディジタルカメラの機能を組み込んだスマートフォンは「新しい」という条件を満たします。つまり，スマートフォンとディジタルカメラの組み合わせが「新しい」ということになります。これを「新規性」といいます。「新規性」の概念の理解は容易かと思います。

## 1.3　進歩性

　単にそれまで，それぞれ別個に存在していたスマートフォンとディジタルカメラを1つの箱に入れただけの発明は，だれでも考えつくことができます。両者を1つの箱に入れようと思えば，筐体を一体化し，電源を共通化することはだれでも考えつく程度の発明です。スマートフォンとディジタルカメラを一体化して販

4 第Ⅰ部 アイデアから特許まで

売するか否かという方針は大きな経営判断です。ここではこの経営判断は別にして，「発明」という観点からだけで判断します。

スマートフォンとディジタルカメラは独立に動作します。スマートフォンとディジタルカメラを1つの箱に入れただけでは，両者の間には相互作用もなく，ディジタルカメラの機能を組み込んだスマートフォンは，スマートフォンの機能とディジタルカメラの機能の足し算を超える効果（メリット）はありません。そこで，第2の条件である「だれもが考えつかない」ことに着眼することが必要です。

それまでスマートフォンとディジタルカメラはそれぞれ別個に存在していましたが，ディジタルカメラの機能を組み込んだスマートフォンが存在しなかった場合に，ディジタルカメラ機能で写真撮影すると，撮影した画像があらかじめ定めたアドレスに自動送信されたり，撮影した画像を自動解析して画像の種類ごとに対応するアドレスに自動送信されたりする機能までを付加したスマートフォンとなれば，だれもが考えつくとはいえないでしょう。

つまり，このアイデアではスマートフォンとディジタルカメラがそれぞれ協同して動作します。ディジタルカメラで撮影した画像が，スマートフォンであらかじめ定めたアドレスに自動送信されたり，画像の種類ごとに対応するアドレスに自動送信されたりする機能は，スマートフォンの機能とディジタルカメラの機能の足し算を超える＋αの効果（メリット）を発揮するのです。このため，スマートフォンとディジタルカメラを組み合わせて，画像を自動送信する発明は「だれもが考えつかない」ということになります。これを「進歩性」といいます。このように，＋αの味つけのある発明に特許が付与されます。

「進歩性」の概念への理解を深めるために，もう少し「進歩性」のない発明とある発明の例を示します。

## （1）単なる機能追加にすぎない発明

## 例1 GPS機能を付加したスマートフォン

スマートフォンにGPS機能を付けて自己の位置を検出できるようにした発明は，進歩性がありません。スマートフォンにディジタルカメラを付加した発明と同様です。スマートフォンにGPS位置検出機能を追加したにすぎないからです。GPS位置検出機能を追加しただけでは，それ相応の機能が単純に付与されたにすぎず，それ以外の新たな「付加価値（＋αの効果)」は，付けられていません。

この発明は，この技術分野に従事している専門家（一般に，当業者とよぶ）ならば，おそらくほとんどの人が思いつくことが容易に推定されます。したがって，この発明は，「進歩性」を有していません。

GPS の位置計算にはスマートフォンのプロセッサやメモリを利用しますが，プロセッサやメモリを GPS 位置計算用に専用に設けてもよいのを，スマートフォンにもとから組み込まれていたプロセッサやメモリを共用する程度の発明では，当業者であればだれでも考えつくことが可能です。

ところが，GPS 機能を利用して，所有者が特定のショップに近づいたときに，スマートフォンの表示にショップ情報を表示させるような発明であれば，進歩性があると考えられます。スマートフォンの機能と GPS 機能の足し算を超える +α の効果（メリット）を発揮できるからです。

### 例2　無線接続機能を付与した PC 用マウスとキーボード

有線で PC に接続されたマウスが一般的であるとき，無線技術が十分に普及していなかったとすると，このマウスに PC との無線接続機能を備えることによって PC から離れたところでも PC の操作が可能になります。また仮に PC の近傍であったとしても，マウスに付けられていた接続用コードが不要となり，この面で操作性は大きく向上します。この場合は，単に無線接続機能をマウスに実装したこと以上に，ユーザの利便性を向上させることができたと考えられますので「進歩性」を備えた発明になる可能性が高いと考えられます。

一方，無線マウスが一般に使用されている場合において，キーボードに無線接続機能を付与した無線キーボードは発明と考えられるでしょうか。当業者は，無線マウスが普及している状況では，容易に無線キーボードを発明できると推定できます。この場合には「進歩性」はないと考えられます。

### (2) 用途変更による発明

### 例1　インターネットの通信手順を適用した無線マウス

無線マウスが普及していたとします。通常，マウスの制御は単純ですから，その制御用の通信手順もできるだけ単純なものが適用されます。ところが，この無線マウスを遠隔から，しかも電波環境のよくない場所で使用することを想定した場合，当業者であれば，普及している安全な再送機能を備えたインターネットの通信手順を用いることを思いつくでしょう。無線マウスにインターネットの通信

手順を採用した新しい無線マウスを発明として特許化しようとしても,「進歩性」なしと判断される可能性は高いと考えられます。

## （3）数値限定の発明

### 例1　鋼鉄を690～700℃に加熱した後，急冷する焼き入れ方法

600℃程度に加熱して鋼鉄を焼き入れすることが広く行われていたときに，鋼鉄を690～700℃の範囲に加熱して焼き入れする発明も「進歩性」はないと考えられます。単に焼き入れの加熱温度を上昇させた数値にしただけで，何らかの新たな効果がなければ，だれでも考えつくことが可能だからです。

しかし，690～700℃の範囲に加熱することによって，鋼鉄の強度が著しく向上することが新たにわかった場合は，数値限定の発明として進歩性が認められます。単に高温で加熱して鋼鉄を焼き入れするのではなく，690～700℃の範囲に限定して加熱することによって，新たな優れた効果が得られるからです。ましてや，急冷する温度を25～30℃に限定すると，さらに粘り強さも増すという効果が得られれば，数値限定の発明の意義が向上し，特許化される条件が備わったと考えられます。

### 例2　断面が六角形の鉛筆

当初の鉛筆は溝を切った細い木に黒鉛を入れて，木で蓋をした後，断面が丸くなるように削って作製していました。その後，断面が半円になるように削った木の軸板で黒鉛を挟む作製方法が発明されました。芯の形状が同じだとすると，製法が異なっても出来上がった鉛筆の形状は同じになりますので，後者の鉛筆の発明には「進歩性」はないと考えられます。なお，この場合は製法の発明であれば，「進歩性」があると判断される可能性があります。

しかし，断面が円形（多角形の究極）の鉛筆に代わって，六角形（「6」に限定）の鉛筆にすると，持ちやすさを損なうことなく，机上を転がりにくいという効果が得られます。このように，特定の数値に限定する発明は，特許化される条件が備わったと考えられます。

## 1.4 先願

　ここまでで，どのようなアイデアであれば，特許になるかが理解できたと思います。アイデアを特許にするには，特許庁に書類を提出（これを「出願」という）して，審査してもらわなければなりません。そのため，これらのアイデアに対する条件のほかに，手続的には，特許庁に対して，「同じ発明であれば他人より先に出願すること」という条件が必要になります。過去と同じ発明を記載した書類が特許庁に出願されることがあります。

　しかし，同じ発明に対して，両方とも特許してしまうと，2つの権利が存在してしまうことになります。たとえば，1か所の土地に対して，2つの土地権利証があると，権利関係が錯綜してしまいます。そのため，1か所の土地に対しては，1つの土地権利証が原則です。特許も土地と同様に，同じ発明に対しては，1つの権利のみが認められます。

　そこで，同じ発明を記載した書類が特許庁に出願されたときには，先着順に先に出願された（これを「先願」という）発明に特許を付与することにしています。つまり，「先願」であることも条件となります。主な特許化の条件は，

　　①特許法上の「発明」であること
　　②「新規性」があること
　　③「進歩性」があること
　　④「先願」であること

となります。「新規性」，「進歩性」，「先願」の条件については，第5章で詳しく説明します。

## 弁理士との相談

　発明をしたけど，どんな書類を用意して弁理士に相談すればよいのでしょうか。

　まず，特許出願人はだれにするかを決めることです。特許出願人は特許が成立した後に，特許の権利者となる者です。法人で所有してもよいし，個人で所有してもよいのですが，将来のビジネスをだれ（法人または個人）が展開するかで決めましょう。

　次に，発明者はだれかを明らかにしておかなければなりません。これは，だれにしてもよいのではなく，その発明を創出した者に限られます。法人は発明者にはなれません。発明を創出できるのは自然人だけです。発明者は特許の権利者のような権利は持たず，名誉となるだけです。

　一番重要なのは，発明の内容です。第2章以降に説明するような発明の構成要素を書き出して，発明の内容を明確にしましょう。発明の骨子となる点については，従来技術との比較をしたうえで，その差異を浮き出させれば，発明の本質が見えてきます。また，その発明の実施形態もできるだけ，文章にしておきましょう。実施形態は発明の内容を知っている発明者だけが組み立てることができます。特許の権利を強くするためには，実施形態の記載の厚みにも配慮する必要があります。

　弁理士は，権利範囲をできるだけ広く確保できるように，発明の構成要素を決めていきます。一方，権利範囲を広くした発明は，審査により拒絶される可能性が高まります。経験豊かな弁理士は，その着地点をうまく決めることができます。

|第2章

# 「ひらめき」から具体的な発明まで

## 2.1 アイデア創出から発明の抽出まで

### 2.1.1 プロセスからみた発明の分類

一般に，研究者や技術者の脳裏に技術的なアイデアが浮かぶのは，たとえば新規プロジェクトの達成目標を捻出するときなどでしょう。あるいは新しい研究のネタを掘り起こすときに，今まではほとんど意識の外にあった課題が新たにクローズアップし，その課題を解決するプロセスの中で新しいアイデアが浮上するかもしれません。プロジェクトの成否にかかわらず知的財産として，これらのアイデアを権利化することが重視されつつあります。しかしながら，権利化するためには各種の条件をクリアし，適切な順序で記述することが必要です。

昔から「必要は発明の母」といいますが，問題点を解決するために，必要に迫られてアイデアを絞り出す場合が多いことをたとえています。発明がどのように生まれてくるかは，以下のように分類できます。

### (1) ニーズ指向型の発明

まず，産業界における必要性（ニーズ）が現実に生じ，そのニーズを満たす技術は，社会ですぐに役立つことが明白な，ニーズ指向型があります。既存の技術だけでは解決できないときには，従来の固定概念を払拭することも視野に入れて，新たな「アイデア」を捻出することが必要です。この「アイデア」を系統的にまとめれば，ニーズ指向型の「発明」を実現できます。

### (2) シーズ指向型の発明

一方，プロジェクトや研究開発計画等が十分に具体化されていない状況では，

関連する当面の技術課題に先んじて，何か突飛なアイデアが脳裏に閃くことがあります。このアイデアを活かせれば，将来的には新しい産業の創造につながる可能性もあります。この場合の発明はシーズ指向型の発明に分類できます。

　一般に発明に関しては，当該製品に対する付加価値にかかわるものと，学術的価値にかかわるものとで，その評価が異なることがあります。新しく創作された発明が，開発製品の利益に直結する場合には，その発明によって製品価値が高くなりますが，学術的価値は小さい場合もあります。逆に，学術的な価値が十分にあり，学問の発展には貢献できるが，その時点ですぐには製品価値を高めることに貢献ができない発明もあります。

　単純なしくみであっても，そのしくみの発明によって製品の性能が大きく向上するものは特許として非常に価値があります。特許の創作に向けたスキルを磨くためには，最初の段階において製品の付加価値を高くするためのアイデアを模索することが望ましいでしょう。

　本書では両方のタイプを対象とし，多くの事例紹介を通じて，発明に関する理解を深めたいと思います。

### 2.1.2　上位概念と下位概念
　発明の捉え方の1つに「上位概念」と「下位概念」があります。これは，発明の広さを現す概念です。

　たとえば，発明Xの構成要素が，AとBの2つだとします。ここで新しい構成要素としてCを加えた発明Yを考えてみましょう。この場合，発明Yは発明Xを包含して創作されたと考えることができます。このとき，発明Xは発明Yの「上位概念」という考え方をします。いい換えると，発明における「概念」の導入は，発明を包括的に表現するための方法を提供するものといえます。逆にいい換えると，発明Yは発明Xの「下位概念」に相当します。この概念の違いを理解することは，後述する発明の特許性を判断したり，特許権の範囲を判断したりする観点からも重要です。以下に上位概念と下位概念の具体例を述べます。

### （1）構成要素の追加による上位概念と下位概念
　アナログ音声データをディジタル化処理して，IPパケットに変換するための処理回路を発明Xとします。

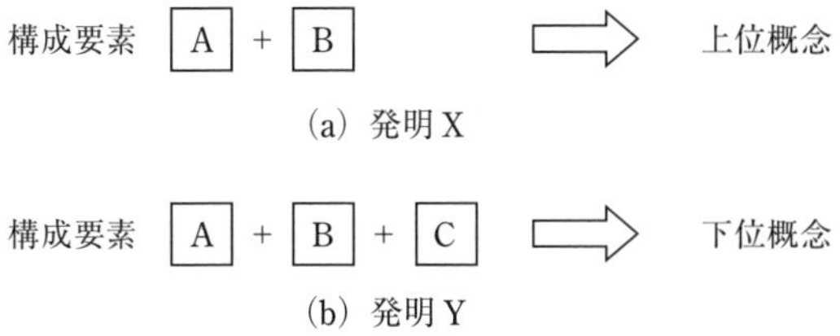

構成要素 $\boxed{A}$ + $\boxed{B}$ $\Longrightarrow$ 上位概念

(a) 発明 X

構成要素 $\boxed{A}$ + $\boxed{B}$ + $\boxed{C}$ $\Longrightarrow$ 下位概念

(b) 発明 Y

**図2.1** 構成要素の追加

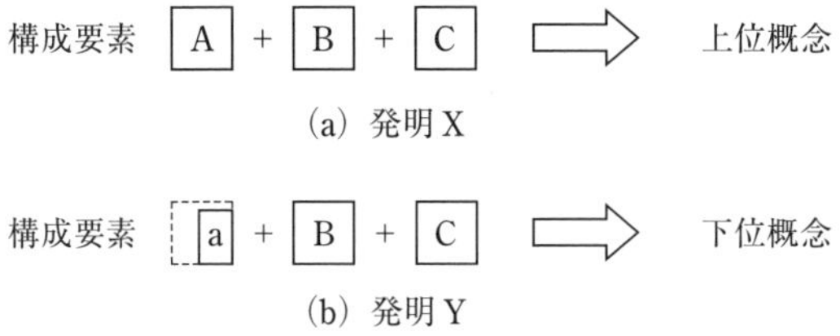

構成要素 $\boxed{A}$ + $\boxed{B}$ + $\boxed{C}$ $\Longrightarrow$ 上位概念

(a) 発明 X

構成要素 $\boxed{a}$ + $\boxed{B}$ + $\boxed{C}$ $\Longrightarrow$ 下位概念

(b) 発明 Y

**図2.2** 構成要素の具体化

　そして，発明の構成要素を，ディジタル化処理回路 A と IP パケット変換回路 B とします。つまり，発明 X は構成要素（A + B）と表現できます（図 2.1 (a)）。

　さらに，IP パケットに暗号処理を施す回路 C を追加することにより秘話特性を備えた新しい発明 Y を考えましょう。発明 Y の構成要素は（A + B + C）と表現でき（図 2.1 (b)），発明 X は発明 Y の上位概念になります。発明 X は，構成要素 C を含まない場合でも成立するため，発明 Y の上位概念といえるわけです。このとき，新たな構成要素 C を追加することを外的付加といいます。逆に，発明 Y は，発明 X の下位概念といえます。

## (2) 構成要素の具体化による上位概念と下位概念

　アナログ音声データをディジタル化処理して，IP パケットに変換し，さらに，IP パケットに暗号処理をするための回路を発明 X とします。そして，発明の構成要素を，ディジタル化処理回路 A と IP パケット変換回路 B と IP パケット暗号処理回路 C とします。つまり，発明 X は，構成要素（A + B + C）と表現できます（図 2.2 (a)）。

　さらに，ディジタル化処理回路 A に替えて，よりディジタル化処理回路を具

体化した回路 a に置き換えた新しい発明 Y を考えましょう。発明 Y の構成要素は（a + B + C）と表現でき（図2.2（b）），発明 X は，発明 Y の上位概念になります。逆に，発明 Y は，発明 X の下位概念といえます。発明 Y は，構成要素 A を構成要素 a で具体化しているため，発明 Y は発明 X の下位概念といえるわけです。このとき，構成要素 A を構成要素 a に置き換えることを内的付加といいます。

　一方，上位概念と下位概念の範疇に入らない場合もあります。たとえば，従来技術（構成要素 A）と従来技術（構成要素 B）を組み合わせ，新たな発明（A+B）を創出したとしましょう。従来技術 A の効果を a，従来技術 B の効果を b とすると，新たな発明（A + B）の効果が（a + b）ではなく，新たな効果 c が生じるとしましょう。この場合，新たな発明（A + B）と従来技術 A または従来技術 B とは，上位概念と下位概念だけでは単純に論じることができないこともあります。

　たとえば，トランジスタの一種である電界効果トランジスタ（FET：Field Effect Transistor）自体に増幅作用があることはすでに知られています。抵抗器には減衰作用があることも知られています。このとき，FET と抵抗器を組み合わせて負帰還回路が構成できたとします。この負帰還回路は，増幅回路の周波数特性を改善する効果があり，まったく新たな作用，効果を得ることができます。FET に抵抗器を付加していますが，この場合は上位概念，下位概念という単純な関係ではなくなります。

　「アイデア」とは明確化した課題を解決するための「工夫」と定義できるでしょう。では，「工夫」とは具体的には「何」でしょうか。一般的には，既存の利用可能なものを「いかに活用するか」といった「当てはめ」が該当します。ほとんどの発明は，「既存」の複数の構成要素の組み合わせです。従来はだれもが容易には考えつかなかった「組み合わせ」の仕方を工夫することにより，新たな発明を創出したものと考えてよいでしょう。構成要素の中のいずれかに，新たな発想で生み出したものを含み，革新性のある構成要素と革新性のない構成要素とを相互に適切に組み合わせることでも，もちろん新たな発明を生むことができます。革新性のある構成要素を組み合わせることで，発明が完成する確度が高まる場合もあります。ただし革新性のない構成要素であっても，従来と異なる「新たな視点」を盛り込んで構成要素としての役割（割り当てられる機能）を変更すること

で，全体としては斬新な発明が創作されることもあります。

## 2.2　ニーズ指向型の発明の創出プロセス（その１）

　研究開発には種々のアプローチがあります。「現在，こういう技術が望まれている」という観点から研究開発していくやり方を「ニーズ指向型」といいます。同様に，発明にもニーズ指向型があります。ニーズ指向型の発明は利益に直結しやすいため，少ない投資でそれなりの投資効果が期待できます。

　アイデアが浮かんだだけでは発明とはいえません。浮かんだアイデアを発明のレベルにまで高めるための発明の具体的なプロセスを整理しましょう。

　ニーズ指向型の発明では，次のプロセスで発明を具現化します。

**ステップ1**　現状で困っている問題点を明確化する
**ステップ2**　問題点の解決に必要となるアイデアを組み立てる
**ステップ3**　アイデアを構成要素（機能と配置）で具体化する

　具体的な例を挙げて，これらのステップを順に説明します。

　発明の例として，最近急激に普及しつつある LED を取り上げます。フィラメントの発熱を利用する電球や電極からのアーク放電を利用する蛍光管では，フィラメントや電極の減失により寿命が制限されていました。その短い寿命のために，一定時間ごとに電球や蛍光管を交換する必要がありました。とくに高所や密閉器具の中では交換に手間がかかり，維持費用が高くなっていました。

　そのため，半導体の発光現象を利用する LED 照明器具の出現が待たれていました。LED の発光範囲は狭いため，１種類の LED だけでは白色光を得ることができません。白色光を実現するための LED 照明器具では，

　発明Ⅰ：青色発光 LED と黄色発光蛍光体

　発明Ⅱ：青色発光 LED と黄色発光 LED

　発明Ⅲ：青色発光 LED と緑色発光 LED と赤色発光 LED

という組み合わせが考えられます。

　青色と黄色は補色関係にあるため，青色光と黄色光を加法混色（発光する光を合わせて色を作る）すると白色になります。光の三原色の加法混色でも白色になります。

発明Ⅰでは，青色発光LEDからの青色光と，青色光の一部を照射して黄色で発光する黄色発光蛍光体からの黄色光とを加法混色して白色光を取り出します。

発明Ⅱでは，青色発光LEDからの青色光と，黄色発光LEDからの黄色光とを加法混色して白色光を取り出します。

発明Ⅲでは，青色発光LEDからの青色光と，緑色発光LEDからの緑色光と，赤色発光LEDからの赤色光を加法混色して白色光を取り出します。

LED開発の初期には赤色発光LEDしかなく，赤色LEDだけでは白色光を作り出すことはできませんでした。赤色よりも波長の短い青色発光のLEDが必要でした。青色発光LEDが完成すると一気に照明器具への普及が進みました。このような技術的背景を踏まえて，発明Ⅰを完成させるステップを解説します。

**ステップ1** 現状で困っている問題点を明確化する

電球や蛍光管は寿命が短いため，使用時間には限界がありました。このため発光素子の長寿命化が解決すべき課題となります。

**ステップ2** 問題点の解決に必要となるアイデアを組み立てる

電球は，フィラメントに電流を通電して発熱・発光させています。そのためフィラメントが徐々に焼き切れて寿命が来ます。蛍光灯は，電極からのアーク放電で紫外線を発生させ，その紫外線で蛍光体を発光させています。そのため，放電電極が焼き切れて寿命が来ます。

従来の発光現象を利用する限り，長寿命化には限界があります。そこで，LEDの発光現象を利用すればよいことに気がつきます。ちょうど青色LEDが開発されたばかりです。「青色LEDを利用して，白色光を取り出せばよい！」というアイデアが浮かびます。このアイデアは，長寿命化が実現できるという新しいアイデアです。青色で発光する青色LEDからの青色光と，青色発光LEDからの（接続）青色光の一部が照射されて黄色で発光する（機能）黄色発光蛍光体からの黄色光とを混合すれば，人間の目には白色光として認識されます。このような白色光を疑似白色光とよぶこともあります。

アイデアは論理的に思考して出てくるものではなく，それまでに積み重ねた経験の中から，頭の中にふわっと湧き出るものです。多くのアイデアは，既知の要素を組み合わせたものです。組み合わせにこそアイデアの妙が潜んでいます。せっかくアイデアが浮かんでも，発明にまでレベルを高めないと実用になりませ

ん。発明にまでレベルを高めるのが，次のステップ3です。

**ステップ3** アイデアを構成要素（機能と配置）で具体化する

浮かんだアイデアを実現できるように，構成要素を工夫して具体化します。構成要素はそれぞれの要素ごとに，機能と接続（または配置）で表現できます。白色光を照射することのできるLED照明器具を例に説明します。

白色光を照射することのできるLED照明器具の構成要素は，

A　青色発光LED

B　黄色発光蛍光体

C　青色発光LED用電流源

です。これらを機能と接続（または配置）で表現すると，

A　青色で発光する（機能）青色発光LED

B　青色発光LEDからの（接続）青色光の一部が照射されて黄色で発光する（機能）黄色発光蛍光体

C　青色発光LEDに（接続）電流を供給する（機能）青色発光LED用電流源として記述することができます。それぞれの構成要素は機能と接続で表現されているので，白色光を実現することのできるLED照明器具がどのような構成になっているかを理解することができます。なお，発光体として発明（A＋B）でも成立しますが，ここでは，C青色発光LED用電流源も加えて，LED照明器具として説明します。

構成要素A＋構成要素B＋構成要素Cの全体の構成が，LED照明器具を構成する最小限の組み合わせです。つまり構成要素A～Cのいずれかを削除すると，白色光を照射するLED照明器具を構成することができません。また，構成要素A～Cに別の構成要素を加えると余分になります。

このように，発明とは各種の構成要素を組み合わせた必要最小限の「集合」です。図面や類推に頼ることなく，文章だけでLED照明器具の構成を表現しなければなりません。逆に，構成要素A, B, Cの機能と接続の説明文だけから，図2.3をイメージできれば発明が完成です。実際は，その次の段階で，発明を表現するために必要な構成図を描くことになります。

この文章だけから，白色光を照射することのできるLED照明器具の構成が図面化できなければなりません。構成要素A, B, Cの機能と接続の説明文だけから，

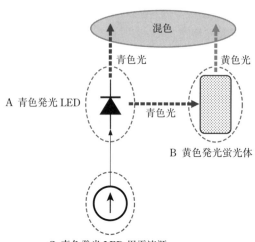

**図2.3** 発明Ⅰ LED 照明器具の構成要素

図 2.3 の構成が描ければ完了です。

　それぞれの構成要素に革新性はありませんが，構成要素が集合して全体として新たな発明が生まれます．A　青色発光 LED と B　黄色発光蛍光体を一体に構成して，光源の安定化や低コスト化を図るバリエーションも可能です．また，C　青色発光 LED 用電流源に電流制御回路を付加して，輝度を調整できるようにするバリエーションも可能です．

　このような発明は，寿命の短い電球や蛍光管の課題を解決し，長寿命化できるという発明の効果を生みます．つまり，新たに A + B + C の組み合わせの発明を創出したときに，それぞれの構成要素の効果だけでなく，+α の効果を生じています．このような新たな技術 A + B + C の組み合わせの発明は特許になる可能性が高いといえます．

　ここで発光素子の長寿命化を図る照明器具は，A　青色発光 LED と B　黄色発光蛍光体の組み合わせだけでなく，A　青色発光 LED と B　黄色発光 LED の組み合わせでも可能であることに気がつけば，さらに新たな発明に到達します．発明Ⅱをその例として説明します．

　ステップ 1′ は発明Ⅰのステップ 1 と同じです．すなわち，

**ステップ1′**　現状で困っている問題点を明確化する

第2章 「ひらめき」から具体的な発明まで　17

**ステップ2'**　問題点の解決に必要となるアイデアを組み立てる

　先の発明では，青色で発光する青色LEDからの青色光と，青色発光LEDからの青色光の一部が照射されて黄色で発光する黄色発光蛍光体からの黄色光とを混合していました。この照明器具では，青色LEDに供給する電流を制御すると，輝度を可変にすることはできますが，色彩までは可変にすることはできません。そこで青色LEDと黄色発光蛍光体の組み合わせに代えて，青色LEDと黄色LEDの組み合わせでもよいことに気がつきます。青色LEDに供給する電流と黄色LEDに供給する電流を制御すれば，色彩も可変にすることができます。

**ステップ3'**　アイデアを構成要素（機能と配置）で具体化する

　白色光を照射することのできる新たなLED照明器具を例に説明します。

　白色光を照射することのできるLED照明器具の構成要素は，

　A　青色発光LED

　B　黄色発光LED

　C　青色発光LED用電流源

　D　黄色発光LED用電流源

です。これらの構成要素に機能と接続（または配置）を追加すると，

　A　青色で発光する（機能）青色発光LED

　B　黄色で発光し（機能），発光した黄色光が青色発光LEDからの青色光と混色される（接続）黄色発光LED

　C　青色発光LEDに（接続）電流を供給する（機能）青色発光LED用電流源

　D　黄色発光LEDに（接続）電流を供給する（機能）黄色発光LED用電流源

として記述することができます。それぞれの構成要素は機能と接続で表現されているので，白色光を実現することのできるLED照明器具がどのような構成になっているかを理解することができます。

　構成要素A＋構成要素B＋構成要素C＋構成要素Dの全体の構成が，LED照明器具を構成する最小限の組み合わせです。つまり，構成要素A〜Dのいずれかを削除すると，白色光を照射するLED照明器具を構成することができません。また，構成要素A〜Dに別の構成要素を加えると，余分になります。

　発明Iのステップ3の説明と同様に，発明IIのステップ3'でも図面や類推に頼ることなく，文章だけでLED照明器具の構成を表現します。構成要素A，B，

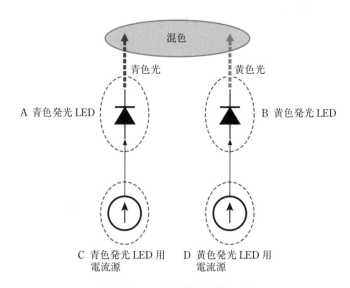

**図2.4** LED照明器具の構成要素

C，Dの機能と接続の説明文だけから，図2.4の構成が描ければ発明が完成です。

　発明Ⅱでも，それぞれの構成要素に革新性はありませんが，構成要素が集合して全体として新たな発明となっています。AとBを一体に構成して，光源の安定化や低コスト化を図るバリエーションも可能です。CとDにそれぞれ電流制御回路を付加して，それぞれに供給する電流の割合を一定のまま電流量を可変にすると輝度を調整できます。また，それぞれに供給する電流の割合を可変にすると，色彩が調整できるバリエーションも可能です。たとえば，青色LEDの発光強度を強くすると，全体は昼時の青色に近づき，黄色LEDの発光強度を強くすると，夕暮れ時の黄色に近づけることができます。

　このような発明によって，寿命の短い電球や蛍光管の課題を解決し，長寿命化できるという発明の効果が生じます。さらに発明Ⅱでは，照明器具の出射する光の色彩を調整できるという，発明Ⅰにはない新たな効果も生じます。

　つまり，新たな技術 A + B + C + D を創出したときに，それぞれの構成要素の効果だけでなく，+αの効果を生じています。このような新たな技術 A + B + C + D は特許になる可能性が高いといえます。

　最後に発明Ⅲについて考察してみましょう。発明Ⅱの場合は，青色LEDの発

光強度を強くすると全体は青色に近づき，黄色 LED の発光強度を強くすると黄色に近づくという色彩調整でした。発明Ⅲの場合は発明Ⅱをさらに発展させ，カラーテレビと同様に，任意の色彩に近づけることが可能になります。

もし将来的にカラフルな色彩の照明器具が有望と判断すれば，発明Ⅲも特許申請すればよく，将来的にもカラフルな色彩の照明器具は不要と判断すれば，発明Ⅲは発明として成立しても，特許出願をしなければよいことになります。

## 2.3 ニーズ指向型の発明の創出プロセス（その2）

コンピュータがマイコンとよばれた世代からパソコンとよばれる世代に変わるころ，画面の操作装置として「マウス」が発明されました。当初のマウスは，トラックボールを使用する「機械式」で，紙面上で重いボールを転がして，その回転方向と回転数から画面上の矢印を移動させていました。重いボールでは，マウスも必然的に重くなります。また，矢印の移動精度も十分には確保できませんでした。

このような技術的背景を踏まえて，発明を完成させるステップを解説します。

**ステップ1** 現状で困っている問題点を明確化する

重いトラックボールを使用する機械式マウスに対して，マウスの軽量化，高精度化が解決すべき課題となります。

**ステップ2** 問題点の解決に必要となるアイデアを組み立てる

これらを解決するために，トラックボールに代えて，マウスの移動方向と移動量を検出できる素子が必要です。そこで，機械的に検出するという発想を大きく超えて，光学的にマウスの移動方向と移動量を検出する「光学式」を候補としました。ディジタルカメラ等ではレンズとイメージセンサが使用され，レンズの収束するイメージをイメージセンサが捉えています。このイメージセンサを利用すればよいことに気がつきます。「イメージセンサを利用して，マウスの移動方向と移動量を検出させればよい！」というアイデアが浮かびます。このアイデアは，マウスの軽量化，高精度化が実現できるという新しいアイデアです。マウスの接触面に向けてレーザ光を照射し，接触面のイメージをイメージセンサで捉えれば，マウスの移動方向と移動量を検出することができます。

**ステップ3** アイデアを構成要素（機能と配置）で具体化する

浮かんだアイデアを実現できるようにするために，構成要素を工夫して具体化します。構造物の場合は，「接続」に代えて「配置」で表現します。光学的に移動方向と移動量を検出できるマウスを例に説明します。

光学的に移動方向と移動量を検出できるマウスの構成要素は，

A　レーザ光源
B　照射レンズ
C　収束レンズ
D　イメージセンサ

です。これらを機能と配置で表現すると，

A　レーザ光を出射する（機能）レーザ光源
B　レーザ光源からの（配置）レーザ光を面上に照射する（機能）照射レンズ
C　面上の（配置）イメージを収束する（機能）収束レンズ
D　収束レンズの収束する（配置）イメージを検出する（機能）イメージセンサ

として記述することができます。それぞれの構成要素は機能と配置で表現されているので，光学的に移動方向と移動量を検出できるマウスがどのような構造になっているかを理解することができます。

構成要素A＋構成要素B＋構成要素C＋構成要素Dの全体の構成が，光学式マウスを構成する最小限の組み合わせです。つまり構成要素A～Dのいずれか

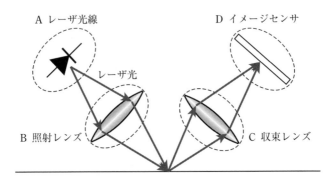

図2.5　光学式マウスの構成要素

第2章 「ひらめき」から具体的な発明まで　21

を削除すると，光学的に移動方向と移動量を検出できるマウスを構成することができません。また構成要素 A 〜 D に別の構成要素を加えると，余分になります。

　この構成要素 A，B，C，D の機能と配置の説明文だけから，図 2.5 に示すような光学的に移動方向と移動量を検出できるマウスの構成が図面化できれば完成です。

　なお，従来の「機械式」マウスとインターフェース互換性を持たせるために，D　イメージセンサの出力を演算処理して，「機械式」マウスの出力に対応する信号に変換する演算処理回路をさらに付加することを考えてもよいでしょう。

　この発明によって，マウスの軽量化，高精度化という課題を解決できるという発明の効果が生じます。つまり，新たに A ＋ B ＋ C ＋ D の組み合わせの発明を創出したときに，それぞれの構成要素の効果だけでなく，＋α の効果を生じています。この新たな A ＋ B ＋ C ＋ D の組み合わせの発明は特許になる可能性が高いといえます。

## 2.4　シーズ指向型の発明の創出プロセス（その1）

　研究開発のもう1つのアプローチは「シーズ指向型」です。シーズ指向型の研究開発は，「役に立つかわからないけど，面白そうな現象を発見した」というような要素をいくつか持っておいて，それをどんどん伸ばしていこう，という考え方です。

　シーズ指向型の研究開発には多くの投資が必要になり，無駄も多い反面，シーズ指向型の研究開発から生まれるシーズ指向型の発明は，うまくいけば画期的な大発明になる可能性もあります。

　シーズ指向型の発明は，発明の構成要素そのものが新しいか，発明の構成要素の組み合わせによって新しい効果を発揮するものが多いです。

　構成要素そのものが新しいため，構成要素の集合である発明も当然，新規なものになります。発明の構成要素の組み合わせによって，予測できなかった新しい効果が得られれば，発明も新規なものになります。

　浮かんだアイデアを発明のレベルまで高めるための，シーズ指向型の発明の具体的なプロセスを整理しましょう。

**ステップ1** 新たな発想または新たな視点でアイデアを組み立てる

**ステップ2** アイデアを構成要素（機能と配置）で具体化する

**ステップ3** 具体化した発明の適用を考える

　例を挙げながら，これらのステップを順に説明します。

　ニーズ指向型の発明と異なり，現状の問題点があってアイデアを組み立てるのではなく，何らかの面白いアイデアが，偶然的に突然浮かびます（頭の片隅にあった「もやもや」が急に輝きます）。このアイデアを構成要素で具体化するプロセスは同じです。ただ，新たに具体化した発明を，何に対して有効に適用するかを考えなければなりません。

　このシーズ指向型の発明については，広く普及している「クォーツ時計」を例に説明しましょう。現在，「クォーツ時計」は昔からの「ぜんまい時計」よりも小型で安価な製品となっています。ここでは，「クォーツ時計」がまだ発明されていない場合を例として説明します。

**ステップ1** 新たな発想または新たな視点でアイデアを組み立てる

　水晶を切り出した切片に電圧を加えると，固有の周波数で共振する事実を発見したとします。しかも，水晶の厚さや切り出し方を選択することにより，共振周波数や温度特性を任意に設定できることがわかったとします。

**ステップ2** アイデアを構成要素（機能と配置）で具体化する

　このアイデアを実施できるようにするため，技術的要素で具体化します。構成要素は先のニーズ指向型の発明と同様に，構成要素ごとに機能と配置（接続）で表現します。アナログ型クォーツ時計の場合は，以下のように説明できます。実際は水晶振動子を帰還経路に組み込んだ発振回路で，固有の周波数を作り出していますが，ここでは以下のように単純化して説明します。アナログ型クォーツ時計の基本となる発振回路の構成要素は，

　　A　水晶振動子

　　B　増幅回路

です。これらの構成要素を機能と配置（接続）で表現すると，

　　A　固有の周波数で共振する（機能）水晶振動子

　　B　水晶振動子の固有の周波数の信号を（配置）増幅する増幅回路

として記述することができます。それぞれの構成要素は機能と配置で表現されて

いるので，アナログ型クォーツ時計の基本となる発振回路がどのような構成になっているかを理解することができます。

構成要素A，Bを組み合わせることにより実現できる，固有の周波数で共振する水晶振動子を活用した発振回路は，従来にはない新しい構成要素に基づいて構成できかつ「高精度化」できることにより，従来製品と比べ，明らかにすぐれた特徴を備えることができます。この技術は，当業者であっても容易に類推することは困難です。この意味で，前述した技術は「進歩性」を備えた創作物と考えることができます。

シーズ指向型の発明は，構成要素のいずれかに新たな発想で生まれたものを含み，革新性のある構成要素と革新性のない構成要素が組み合わさって，新たな発明が生まれます。革新性のある構成要素によって全体としての発明が完成する例です。

たとえば，固有の周波数で共振する水晶振動子に革新性があり，この素子を利用して発振回路が完成した場合は当然，従来の発振回路にない効果が生じます。このような新たな技術は特許になる可能性が高いといえます。

しかし，これだけではどのような技術分野に適用するかが不十分です。できれば技術分野にまで踏み込んで考えましょう。

**ステップ3** 具体化した発明の適用を考える

単純にA　固有の周波数で共振する水晶振動子，B　水晶振動子の固有の周波数を増幅する増幅回路の組み合わせでは，発振回路の発明となります。これを一歩進めると，

　A　固有の周波数で共振する水晶振動子

　B　水晶振動子の固有の周波数の信号を増幅する増幅回路

に加えて，

　C　発振回路の発振する発振周波数の信号を1Hzの周波数の信号に分周する分
　　　周回路

　D　分周回路からの信号で1秒分ずつ回転するステップモーターを駆動する信
　　　号を発生する駆動回路

　E　駆動回路からの信号によって，1秒分ずつ回転するステップモーター

とすれば，アナログ型クォーツ時計の発明となります。針や文字盤はデザイン要

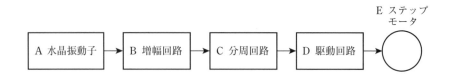

**図2.6** アナログ型クォーツ時計の構成要素

素のため，ここでは，ムーブメントだけを構成要素としています。

　この構成要素A，B，C，D，Eの機能と接続の説明だけから，図2.6に示すようなアナログクォーツ時計の構成が図面化できれば完成です。

　構成要素A，B，C，D，Eを組み合わせることにより実現できる，高精度な発振周波数で発振する水晶振動子を活用したアナログ型クォーツ時計は，従来にはない新しい構成要素に基づいて構成できかつ「高精度化」できることにより，従来製品と比べ，明らかにすぐれた特徴を備えることができます。この技術は，当業者であっても容易に類推することは困難です。この意味で，前述した技術は「進歩性」を備えた創作物と考えることができます。

　シーズ指向型の発明では，思いついた1つのアイデアだけではなく，ほかにも適用が考えられるのではないかと探ることが重要です。たとえば上記の発明では，水晶振動子の正確な振動をアナログ型クォーツ時計に適用していますが，ディジタル型にも適用できます。この場合は，上記の構成要素のうち，A　固有の周波数で共振する水晶振動子，B　水晶振動子の固有の周波数を増幅する増幅回路に加えて，ディジタル表示のための回路を追加することになります。

　さらにディジタル表示の場合は，今までディジタル表示がなかったわけですから，ディジタル処理をすることによって，今までにない，ストップウォッチ機能や世界時計表示機能を追加したものまで幅広く特許を取得しておけば，その分野で他社の追随を許さない特許群を取得できます。

第2章 「ひらめき」から具体的な発明まで　25

---

コラム
2　**水晶振動子**

　実際，水晶の圧電効果は1880年にキュリー兄弟によって発見され，水晶振動子が作られたのは20世紀初頭になってからです。さらに，水晶振動子を用いたクォーツ時計はその数年後に作られました。クォーツ時計は地球の回転を測定するために使用されていましたが，腕時計に応用されるまでには，さらに数十年を要しています。現在はクォーツ時計よりもさらに高精度な原子時計を利用した，標準電波やGPSで時刻を受信する腕時計が主流となっています。

　シーズ指向型の発明は，新たな現象を発見してからその応用を考えるという過程を経て，日の目を見ることが多いといえます。水晶に圧電効果があるという発見があっても，発見当時の技術水準では圧電効果をどのように応用するのか予想もできませんでした。半導体電子回路技術の進展により，水晶を振動子として利用し，高精度な発振回路やフィルタ回路への発展に至りました。腕時計への応用には，小型化，温度安定化，経済化等の技術が集積されています。しかしながら，現在では水晶発振子を利用したクォーツ腕時計は，機械式腕時計よりもはるかに経済化が進み，百円ショップでも購入できる時代となっています。

---

## 2.5　シーズ指向型の発明の創出プロセス（その2）

　シーズ指向型の発明のほかの例を説明します。

　新たな発見だけでなく，新たな技術の開発もシーズ指向型の発明につながることがあります。最近注目を浴びている人工知能を例にとってみます。

　コンピュータは大量のデータ処理が得意ですが，まだデータ処理の応用が考えられていない場合を例として説明します。大量データ処理が得意なコンピュータの特徴を活かせば，手間のかかる判断を短時間のうちにこなせるようになるはずだと考えました。

**ステップ1**　新たな発想または新たな視点でアイデアを組み立てる

　同じ種類の画像を大量に集め，各画像に関係のある事がらを関連づけて記憶させておき，新たな画像が入力されたときに記憶されている画像と相関度を判定し，相関の高い画像に関係のある事がらを出力すれば，この画像の意味を判断することが容易になることがわかったとします。

**ステップ2** アイデアを構成要素（機能と配置）で具体化する

　このアイデアを実施できるようにするために，技術的要素で具体化します。構成要素は前述のニーズ指向型の発明と同様に，構成要素ごとに機能と配置（接続）で表現します。この人工知能の場合は，以下のように説明できます。コンピュータは，実際はCPUやメモリーで構成されますが，ここでは機能のブロックで説明します。この人工知能の基本となる構成要素は，

　A　記憶回路

　B　判定回路

　C　選択回路

です。これらの構成要素を機能と配置（接続）で表現すると，

　A　複数の画像データと各画像に対応する事がらを関連づけて記憶する記憶回路

　B　入力された画像と，記憶回路に記憶された複数の画像の相関度を判定する判定回路

　C　判定回路の判定した相関の中で，最も相関度の高い画像を選択し，その画像に関連づけられた事がらを出力する選択回路

として記述することができます。それぞれの構成要素は機能と配置で表現されているので，この人工知能がどのような構成になっているかを理解することができます。

　構成要素A，B，Cを組み合わせることにより実現できるこの人工知能は，従来は人間の経験に基づいて画像から結論を導き出していたものを，客観的に過去のデータから画像の持つ意味を判断できるようになります。この技術は，当業者であっても容易に類推することは困難です。この意味で，前述した技術は「進歩性」を備えた創作物と考えることができます。

　コンピュータ関連の発明は，コンピュータが大量データ処理を得意であることを利用して，量的な革新を質的な革新に転換できるという特徴があります。シーズ指向型の発明の中でも，コンピュータ関連の発明は量から質に転換された革新性ある新たな発想で生まれた発明をうまく構成要素で表現する必要があります。

　上記のA　記憶回路，B　判定回路，C　選択回路の構成でも発明として成立します。しかし，これだけではどのような技術分野に適用するかが不十分です。できれば技術分野にまで踏み込んで考えましょう。

第2章 「ひらめき」から具体的な発明まで　27

**ステップ3**　具体化した発明の適用を考える

　単純に A　複数の画像データと各画像に対応する事がらを関連づけて記憶する記憶回路，B　入力された画像と，記憶回路に記憶された複数の画像の相関度を判定する判定回路，C　判定回路の判定した相関の中で，最も相関度の高い画像を選択し，その画像に関連づけられた事がらを出力する選択回路の組み合わせでは，抽象的な発明となります。このような人工知能の具体的な応用としては，

- 内視鏡の胃壁画像データとその胃壁画像に対応する癌の進行度
- 天気図データとその天気図に対応する雨の確率
- 地表変動データとその地表変動データに対応する地震の発生確率

等に応用できると考えられます。ここでは内視鏡の胃壁画像を例に一歩進めると，

A　複数の胃壁画像データと各胃壁画像に対応する癌の進行度を関連づける記憶回路

B　入力された胃壁画像と記憶回路に記憶された複数の胃壁画像の相関度を判定する回路

C　判定回路の判定した相関の中で，最も相関度の高い胃壁画像を選択し，その胃壁画像に対応する癌の進行度を出力する選択回路

とすれば胃癌判定人工知能の発明となります。胃カメラや表示装置は周辺装置のため，ここではコンピュータ中心部だけを構成要素としています。この構成要素 A，B，C の機能と接続の説明だけから図 2.7 に示すような胃癌判定人工知能の構成が図面化できれば完成です。

　従来は人間の経験に基づいて判断していたものを，構成要素 A，B，C を組み合わせることにより実現できる胃癌判定人工知能は，医師の経験の有無にかかわらず，客観的にかつ正確に胃癌を判定できるというすぐれた特徴を備えることができます。

　シーズ指向型の発明では，思いついた1つのアイデアだけではなく，ほかにも適用が考えられるのではないかと探ることが重要です。天気図を例にすると，

A　複数の天気図データと各天気図に対応する雨の確率を関連付けて記憶する記憶回路

B　入力された天気図画像と，記憶回路に記憶された複数の天気図画像の相関度を判定する判定回路

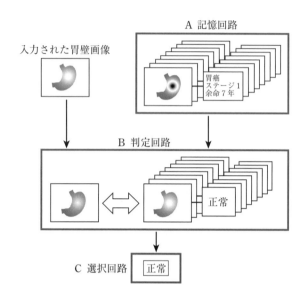

**図2.7** 胃癌判定人工知能の構成要素

 C 判定回路の判定した相関の中で，最も相関度の高い天気図画像を選択し，その天気図画像に対応する雨の確率を出力する選択回路

とすれば晴雨判定人工知能の発明となります．天気図入力装置や表示装置は周辺装置のため，ここではコンピュータ中心部だけを構成要素としています．

 従来は風の動きを物理法則に則ってシミュレーションしていたものを，構成要素A，B，Cを組み合わせることにより実現できる晴雨判定人工知能は，人間の経験に依存することなく，正確に天気を予想することができるというすぐれた特徴を備えることができます．

 これらの技術はコンピュータの特徴を活かして，従来と比べ明らかにすぐれた特徴を備えることができます．この技術は，当業者であっても容易に類推することは困難です．この意味で，前述した技術は「進歩性」を備えた創作物と考えることができます．

## 2.6　シーズ指向型の発明の発展

　シーズ指向型の発明では，発明の応用先が固まっていないこともあって，単発の特許出願にとどまり，その周辺を第三者による応用的な発明で包囲されることがまま見られます。つまり，先進的な発明で特許を取得しても，第三者による応用的な内容の発明でその周辺を固められて，実際に製品を製造販売する際の支障となる可能性があります。そのため，シーズ指向型の発明が完成すると，まずは，その発明の下位概念の発明を具体化します。次に，その発明の上位概念の発明に拡張できないかを検討します。最後に，その上位概念の発明を具体化した発明にまで拡張することで，シーズ指向型の発明群として，権利を確保することができます。

# 第3章

# 応用的な発明事例

## 3.1 請求項の書き方の指針と記述例

　本節では先ず，グーテンベルグの印刷技術の例を引き合いに出して，具体的な請求項の書き方を説明します。請求項とは，特許を受けようとする発明を特定するために必要な事項のことです。

**ステップ1**　現状で困っている点を明確化する

　グーテンベルグが生存していた当時の状況の中で，「印刷システム」の開発を行うための問題点は，いかにして当時利用可能な合金技術を用い，活字印刷を行うことができるかを明確化することでした。

　特定の合金用の素材の混合比率は，明確にはなっておりませんでした。当時は微細な鋳造用の鋳型の中に，その型に適合するよう万遍なく押し込める流動性と，凝固時にわずかに膨張する程度の性質を備える合金の実現性に関しては，経験的に一部の性質が知られていた程度であったと思います。

　すなわち，合金を利用して活字用鋳物を製造する際に必須となる複数の金属の具体的な混合比率は，明確化されている状況ではありませんでした。さらに一歩進んで，その合金を利用した活字印刷に利用する「印刷システム」の構成に関しても，明確な実現手段の開示はなされていませんでした。

**ステップ2**　問題点の解決に必要となるアイデアを組み立てる

　ステップ2では明確化した課題の解決に向けて，これら課題の実現手段を具体化することが必要です。具体的には，まず活字用鋳物に用いる合金として，アンチモンと鉛を選択することを明記します。次に，これらの物質を適切な比率で混

合させることにより，微細な鋳造用の鋳型の中に万遍なく押し込める「流動性」と，凝固時に「膨張する」性質を，同時に備えた鋳物を活字用に使用することを明確にすることが必要です。このような技術を開示することで，印刷物を大量に製造する手段を備える活字用鋳物を用いた印刷システムの技術が明らかにでき，ステップ2は完成します。

**ステップ3** アイデアを構成要素（機能と配置）で具体化する

前述したアイデアを実現するために，構成要素を明確にして具体的に配置できるような記述形式へと仕上げる必要があります。構成要素はそれぞれの要素ごとに機能と配置で表現することが必要です。構成要素が1つの場合には機能（構成）だけで表現します。

具体的には，ステップ2で明確にした合金の混合比率（機能）に基づいて製造した活字用鋳物の構成を明確化します。さらに，上から圧力をかけて紙にインクを転写（機能）することで，文書を印刷できる（配置）システムについても権利化することが望ましいでしょう。

なお特許出願書類には，発明の効果もあわせて記述する必要があります。

以上に述べた考え方が整理できれば，特許出願書類に含める最も重要な請求項も記述できます。特許の権利を主張するための「請求項」を明確に記述することは，最も重要です。請求項1では，アンチモンと鉛を混合した合金による活字用鋳物を明確化し，請求項2では，その活字用鋳物をどのように印刷システムとして構成するかを明確化します。グーテンベルグの印刷技術の場合の請求項1および請求項2は以下のように記述できます。

**請求項1の記述例**

「アンチモンと鉛を重量比1:X1〜X2の範囲で混合した合金を含む活字用鋳物」

請求項1の記述にあたっては，権利化の範囲ができるだけ大きくなるように心がけることが重要です。請求項1により，アンチモンと鉛を明確に規定された適切な比率で混合した活字用鋳物にかかわる権利を主張します。重量比として，その時点で最もよいと思われる範囲を明確に記述することにより，権利化の範囲を具体化します。

実際には，重量比1:X1〜X2の値は製造上の実績等をもとにして，いくつかの具体例の記述を行えば当面は十分でしょう。特許された後，第三者が合金の重

量比の値を，既存の出願特許の記載内容から少し変更し，活字用鋳物の発明を権利化しようと試みる場合に備えて，当該請求項には実証できる範囲でできるだけ広く記載することが賢明です。

　重量比の選び方は，適切な範囲で規定します。活字用鋳物の発明だけでなく，その活字用鋳物を用いて，紙にインクを転写する印刷システムも含ませるとよいでしょう。

**請求項2の記述例**

　「請求項1に記載の活字用鋳物にインクを付けて，インクを転写することにより，文書を印刷することを特徴とする印刷システム」

　上記の請求項の記載に関する事項は，特許発明の「骨格」にあたり，特許権を獲得するうえで最も重要です。具体的な実施形態の例を図面を用いて，記述する必要もあります。注意すべき点は，請求項に即した形態で，当時の技術水準で当業者が容易に類推できる程度に十分明確な記述を行い，実現可能性を具体的に表現することです。

　ただし，ノウハウに関しては，この限りではありません。コラム3ではこのことを解説します。3.2節以降ではこれらの考え方をベースに，具体的に，特許実施例の記述内容を明確化する手法を解説します。

### ノウハウと特許の関係

　みなさんは，ある製品の特許が開示されれば，すぐにその特許を活用して同等の製品が製造できると考えていませんか。一般的には，特殊な技術に裏打ちされた特許を用いた製品を開発するためには，当該の特許のほかに，開示されない「ノウハウ（know how）」とよばれるものが存在します。たとえば，会社間同士で技術提携を行う場合には，当該特許に加え，ノウハウも含めた「特許ノウハウ協定」を結びます。一般には，秘密保持契約義務を締結した後に，共同開発が行われる場合が多いようです。

　みなさんは，Generic（ジェネリック）という医薬品を，医者や薬局から勧められたことはありませんか。ジェネリック医薬品は「特許の使用期限が切れた」ので，当該特許を活用して「同じ効果を得られる薬剤を安価に製造したもの」として認識されています。つまりジェネリック医薬品は，「特許権を保有する製薬会社の薬品の特許が失効したために，有効成分のまったく同じ薬品を（特許権に

第3章 応用的な発明事例 **33**

応じた対価の支払いをせずに）低価格で販売できるようにしたものです。しかしながら通常は，薬剤の有効成分に対応する物質特許の「特許が切れた」にすぎず，「製剤特許」に関しては相変わらず権利行使ができる場合が多いと思われます。この部分は，いわゆる「製造ノウハウ」に関するものであり，具体的には，特許化された薬品を製造する際に必要な凝固剤や胃粘膜での吸収促進あるいは腸管で吸収されやすいようなコーティング剤などは，製剤特許に付随した「ノウハウ」に相当し，独自に用いられるものが多いのです。つまり，当該薬品の薬効の有効性に関しては同等のものと保証されていますが，コーティング等の付帯的な製造技術も考慮すると，まったく同じとはいえないわけです。このような微妙な差異に関しては「特許発明」には含まれない「ノウハウ」に相当する部分と考えてもよいでしょう。

## 3.2 放射線量検出アラーム器具の請求項と特許実施例

　近年，原発事故に起因する放射線量を，事前に安全な方法で迅速に検出するためのシステムの開発が，社会的にも重要な課題として認識されています。一般に，放射性物質が地表あるいは家屋等に蓄積しはじめると，放射線量は局所的に増え続けます。放射線は人の視覚では認識できないため，放射線量の高い場所に知らずに人が近づく危険性が指摘されています。被曝地域での放射線量の継続的な観測を行うとともに，放射線量の測定結果を常時監視し，迅速に通知できるシステムの開発が社会的にも要請されています。

　そこで，放射線量を警告するための照明システムが実現されれば，安全性の確保の面で社会に大きく貢献できるでしょう。この特質を持つ照明システムの実現にあたっては，ガイガーカウンターと可視光LEDから構成された照明器具とを組み合わせることが可能となります。この組み合わせにより構成した装置を用いて，特定の設置位置での放射線量を継続的に監視し，放射線量に対応した色彩との関連づけを行い，照明光の色彩変化の検出・処理を行うことで，放射線量の変化状況を迅速に通知できる発明につなげられると思います。

　前述のアイデアがどのようにして発明レベルにまで高められるかについて，具体的な創作のプロセスを説明します。ニーズ指向型の発明では，次に示す創作のプロセスを経て発明を具体化します。

**ステップ1** 現状で困っている点を明確化する

放射線量を目に見える形態で，なるべく色彩種別をわかりやすく変化させて，住民に警告できるようなしくみができれば，住民の安全性はある程度は確保できます。放射線量を定期的に計測するガイガーカウンターは市販されていますが，持ち歩かなければならない煩雑さがあります。また，測定しはじめてから，線量を把握できるような状態では，迅速な警報にも役立ちません。このような技術的課題を解決するための責務を技術者は負っています。解決課題は，視認できない放射線量の程度を，目に見えるように「可視化」する技術を明確化することです。

**ステップ2** 問題点の解決に必要となるアイデアを組み立てる

第1章で解説を行ったLED（Light Emission Diode：発光素子）照明をこの用途に使用できないだろうか，と発想できる技術経験に基づいた直観力が重要な武器になります。LED照明は，すでに商品が出回っていますから，ひょっとしたらガイガーカウンターとの組み合わせにより，放射線量の高いとき，低いときに応じて，LED照明の色を変化させることで，住民への適切な警告ができるかもしれないとひらめく，技術的な感受性が必要になります。

LED照明は，放射線量が通常状態のように低いとき（日本では1年間当たり1ミリシーベルト以内と法令化されている）には，普通の照明器具として利用できる方法が便利です。発明を完成するまでの前提として，この構成条件を満足できる技術開発を念頭におくことが必要です。具体的には，放射線量を定期的に計測するガイガーカウンターや，その測定値を処理するための処理回路の構成を決める必要があります。

通常の赤（Red），緑（Green），青（Blue）のLEDを組み合わせ，それぞれのRGBの色彩に対応したLEDの輝度調整を行い，放射線量の高さを3種の色彩を適切に調整して警告するときの色彩の種別を調整できるアイデアが活用できそうです。とくに，RGBの3色LEDの輝度をすべて最大値に設定すれば白色にできるため，通常時の照明光としても活用できるでしょう。

しかしながら，この工夫のみでは発明としては不十分です。具体的な色彩調整のメカニズムを明確化する必要があります。

**ステップ3** アイデアを構成要素（機能と配置）で具体化する

前述したアイデアを実現するために，構成要素を工夫して具体的に表現します。

第 3 章 応用的な発明事例　35

構成要素はそれぞれの要素ごとに機能と接続で表現できます。

　放射線量を入力として受信するガイガーカウンター（放射線検出回路）と検出結果を計数する放射線量計数回路と，計数値に基づいて発光素子としての RGB 用 LED の輝度を，あらかじめ設定した閾値に基づいて波長制御回路の出力信号により LED を発光させることで，警告用の各種のアラームを作成できます。

　この放射線量アラーム付き照明器具の必要最小限の構成要素は，

　A　放射線検出回路，B　放射線量計数回路，C　波長制御回路，D　発光素子であり，機能と接続の関係を用いて，より具体的に表現すると，

　A　放射線を検出する（機能）放射線検出回路

　B　放射線検出回路の検出する放射線量（接続）を一定時間計数する（機能）ための放射線量計数回路

　C　放射線量計数回路の計数する放射線量があらかじめ設定された閾値を超えたかを判定（機能）した情報を通知（接続）して各可視光波長の輝度を変化させて（機能）白色とは異なる色彩の可視光を出力させる（接続）波長制御回路

　D　波長の異なる複数の可視光が合成された白色光を出力する（接続）多波長光源

の集合として記述することができます。

　E　閾値設定指示回路

　F　外部からの設定閾値の入力（受信）回路

　構成要素 A 〜 F の全体を備えた構成が放射線量アラーム付き照明器具です。

　この発明は，次式で表現することができます。

$$発明 = （A + B + C + D）+（E + F）$$

　（A + B + C + D + E + F）と表現した場合と「発明自体」は同等ですが，構成要素の役割を明確に区別する場合に，しばしば前述のような形式で表現するのが便利です。

　この発明の記述により，上述の構成要件を満足させることができます。

　多波長（上記の場合は，赤，青，緑に対応）光源からなる LED と，波長制御回路とを組み合わせることで，異なる色彩の出力制御を行うことが可能になります。ここで，放射線量があらかじめ設定した閾値を超える場合には，通常は白色

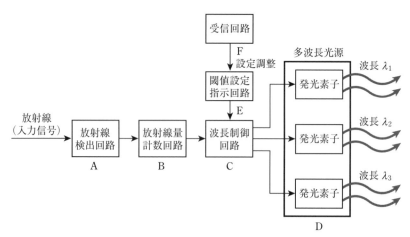

**図3.1** 放射線量検出アラーム器具の実施例

　照明として使用するLED光を白色以外の色彩で出力制御するメカニズムを活用し，放射線量の警告用にも使用できます．この放射線量の警告用器具は，広範な地域での放射線量を常時観測でき，観測結果を照明光の色彩変化に反映させて警告できます．遠方に対しても認識しやすく，とくに近隣の住民に対しては，安全の可否にかかわる速やかな情報提供を行うことが可能です．

　実際には，提案する放射線量アラーム警告器具は，既存のガイガーカウンター（GM-45）とUSB接続されたPCで構成できます．たとえば，観測した放射線量を10秒ごとに記録します．放射線量の観測値に応じて赤，緑，青の3つのLEDの点灯・消灯を自動制御するLED制御用マイコンプログラムを活用すれば，多種の色彩を用いて，放射線の線量のレベルの程度を異なる色彩表示で，段階的に通知できます．たとえば，放射線量に応じて，照明光の色を白→黄→赤→紫と段階的に変化させることにより，放射線量のレベルを迅速に近隣の住民に周知することができます．

　以上の技術内容をもとにすると，放射線量警告アラーム器具の最も好ましい実現形態としては，図3.1に示す実施形態が考えられます．

　図3.1に示すように，波長制御回路が発光素子のうちのいずれか1つを選択します．この際，波長制御回路は，放射線量の範囲を規定する閾値に基づいて，使用波長の組み合わせを選択します．たとえば，使用波長の組み合わせは以下のよ

うに構成できます。

たとえば，ある閾値 $\alpha$ 以下の放射線量が検出された場合，波長制御回路は，緑色の波長 $\lambda_1$，青色の波長 $\lambda_2$，および赤色の波長 $\lambda_3$ を同時に選択します。このメカニズムにより，多波長光源から白色光も出力することが可能です。

閾値 $\alpha \sim \beta$ の範囲の放射線量が検出された場合は，緑色の波長 $\lambda_1$ を選択します。このメカニズムにより，多波長光源からは緑色光が出力されます。閾値 $\beta \sim \gamma$ の範囲の放射線量が検出された場合は，緑色の波長 $\lambda_1$ と，青色の波長 $\lambda_2$ を同時に選択します。このメカニズムにより，多波長光源から黄色光が出力されます。閾値 $\gamma \sim \varepsilon$ の範囲の放射線量が検出された場合は，青色の波長 $\lambda_2$ を選択します。これにより多波長光源から青色光が出力されます。閾値 $\varepsilon$ 以上の大きさの放射線量が検出された場合は，赤色の波長 $\lambda_3$ を選択します。これにより，多波長光源から赤色光が出力されます。ここで，波長制御回路によって合成される色彩は，人の感じる危険度の強度や，法令基準等を参考にして，適切に変化させることも可能です。

たとえば，使用波の組み合わせとして，閾値 $\gamma \sim \varepsilon$ の範囲の放射線量が検出された場合には，青色の波長 $\lambda_2$ と赤色の波長 $\lambda_3$ を同時に選択したとします。このメカニズムにより，多波長光源からは紫色の可視光を出力することができ，放射線危険区域に匹敵することを明示できます。

閾値 $\varepsilon$ を超える範囲では，危険度が高いほど出力強度も高めることが望ましいでしょう。このメカニズムにより，閾値 $\varepsilon$ を超える範囲においても，人の感じる危険度に合わせて多波長光源からの出力光の色彩を変化させることができます。

このように，本実施形態に係る放射線量のアラーム付き照明器具は，各種の異なる波長を組み合わせ自由に照明光の色彩を変化させることにより，放射線量の高さに応じて放射線量範囲を識別して分類できます。それぞれの範囲においては，異なる色彩を持つ光波長が割り当てられ，放射線量の微量，小量，大量放出等の違いを照明光の色彩の違いで識別することができます。この放射線量アラーム付き照明器具に，放射線量の範囲を規定する閾値を外部から設定変更するための閾値設定指示回路を追加することもできます。この閾値の設定指示回路に基づいて，波長制御回路に半固定的に設定された閾値を任意に変更できるようになります。

たとえば，安全性にかかわる技術基準の見直しが行われた場合や，各国ごとに

異なる基準値に基づいて，閾値 α 〜 ε のいずれかを適切に変更することもできます。このとき，閾値ごとの色彩を変更することも同様に可能です。

以上の説明で，放射線量検出アラーム器具は，放射線量に対応してあらかじめ設定された光の波長を定め，照明光の色彩を変化させて放射線による被曝状態をリアルタイムにモニターできる技術であることが理解できたと思います。

さらに遠隔地点から，照明光を精密に観測する技術を活用することも可能です。この場合は，1本のファイバーの中に複数の光波長を多重化するときと同じように，複数の空間伝搬される光波長の中に波長ごとに異なる点滅情報を含めれば，より詳細な放射線量や地理情報等に関わる実データの内容を同時に取得できるようになります。

以下に，この発明の請求項を具体的に記述します。

第1請求項が基本となる独立項で，第2〜第5請求項は第1請求項の従属項です。

## 請求項1の記述例

「波長の異なる複数の可視光が合成された白色光を出力する多波長光源と，放射線を検出する放射線検出回路と，前記放射線検出回路の検出する放射線を一定時間計数することにより，放射線量を計数する放射線量計数回路と，前記放射線量計数回路の計数する放射線量が設定された閾値を超えたか否かを判定し，当該放射線量が前記閾値を超えた場合には，前記可視光の波長を変化させて前記多波長光源から白色光とは異なる色彩の可視光を出力させる波長制御回路を備える放射線量アラーム付き照明器具」

## 請求項2の記述例

「前記波長制御回路は，前記放射線量計数回路の計数する放射線量が設定された閾値を超えた場合には，前記多波長光源の複数の可視光のうちの，1つ以上の可視光の出力を停止させることを特徴とする，第1請求項に記載の放射線量アラーム付き照明器具」

## 請求項3の記述例

「前記多波長光源は，3つ以上の可視光が合成された白色光を出力し，前記波長制御回路における前記設定された閾値は複数であり，前記波長制御回路は，各閾値を超えるたびに，色彩の異なる可視光を前記多波長光源に出力させることを特徴とする第1請求項に記載の放射線量アラーム付き照明器具」

### 請求項4の記述例

「前記多波長光源は，2つ以上の可視光が合成された白色光を出力し，前記波長制御回路は，前記放射線量計数回路の計数する放射線量が設定された第1の閾値を超えた場合には，前記多波長光源の2つの可視光のうちの一方を出力させ，前記放射線量計数回路の計数する放射線量が前記第1の閾値よりも高い第2の閾値を超えた場合には，前記多波長光源の2つの可視光のうちの他方を出力させることを特徴とする第1請求項に記載の放射線量アラーム付き照明器具」

### 請求項5の記述例

「前記波長制御回路において，前記放射線量が設定された閾値を超えた場合には，前記放射線量計数回路の計数する放射線量の情報を，前記あらかじめ定められた出力波長の可視光に重畳する変調回路をさらに備えることを特徴とし，さらに放射線量アラーム付き照明器具の位置を検出する位置検出回路をさらに備え，前記変調回路は前記位置検出回路の検出する位置情報を，前記あらかじめ定められた出力波長の可視光に重畳することを特徴とする放射線量アラーム付き照明器具」

これまで解説した特許の実施例に基づいた論文の作成（公表）は，相当の実験データの取得が必要になると思います。コラム4では，特許と論文の違いについて解説します。

### 特許と論文の違い

みなさんは論文と特許の差異が何であるかを知っていますか。一般に，大学での研究成果を評価するときに，論文執筆による成果は第一に優先され，非常に重要です。「論文」の公表により，広く学術および産業界に貢献できる理論的・技術的内容を無償で提供でき，学術貢献ができる可能性があるからです。立派な学術論文を執筆した学者は，称賛と敬意の対象になり，名声を得ることもできるでしょう。しかし，ちょっと，深堀りしてみましょう。もしある企業が，他人の論文に書かれた技術的な考え方を用いて製品を開発し，爆発的にヒットして企業利益が相当に上がった場合を想定しましょう。論文を執筆した著者は，産業界に貢献したものの，相当の金銭的な利益は保証されるでしょうか。答えは「ノー」です。ではもし，その著者が当該製品の開発には，なくてはならない必須技術の一部あるいは全体を「特許化」し，特許権を有していたらどうなるでしょうか。企業は，

40　第Ⅰ部　アイデアから特許まで

何とかその特許を回避できるように別の手段を用いるか，または特許料を当該の企業に支払うことにより，当該の特許を製品に活用することになるでしょう。これからの産業界を牽引する技術者は「まず特許化」を行って特許権を獲得し，「その後で論文執筆」に着手する姿勢を継続的に実施することがますます重要となります。企業によっては，当面使用予定のない新しい技術であっても，まず他社が使用する可能性に配慮し，防衛的な観点に立って特許出願を行い，出願審査請求を行わない場合もあります。

## 3.3　可視光を用いた暗号通信方式の請求項と特許実施例

近年，LED の普及に伴い，LED 光源を利用した可視光通信が実現されています。可視光通信は電波を用いた無線通信に比べ，特定の人だけに対しての通信を保証できるので，安心感があります。しかしながら，ディスプレイ等に表示された通信内容は第三者から簡単に視認できるため，秘匿性を確保するためのメカニズムを実現する新しい通信方式を開発することが必要です。また，一般には可視光を用いた通信の伝送速度は固定化される場合が通常です。このときに，ユーザーどうしが自由自在に通信速度を変更できれば，飛躍的に利便性は高まると考えられます。

現在，標準化された可視光通信の送受信方式として，ディスプレイとカメラ間で通信を行う技術（IEEE802.15.7）が普及されはじめていますが，より一層の安全性と利便性を達成するための上記課題にはまだ対応がなされておらず，これらを解決する必要があります。以下に本特許における「色彩種別」を「情報」として活用し，伝送するための基本技術について解説します。

可視光の利用法は，一般的には，赤（Red），青（Blue），緑（Green）の色成分を適切に組み合わせて，自然界で使用するほとんどの色を表現できます。たとえば，カラーテレビのスクリーン画面では，赤，青，緑の輝度を適切に調整し，現実に近い色彩を表現しています。

図 3.2 に示すように，送信用ディスプレイ内に 4 × 4（16 セル数）の正方形の枠を設け，その枠内に 16 個の色のついたセルを埋め込み，1 秒間の点滅回数を調整することで，送信側は高速ディジタル情報を伝送できます。このときに伝送する色彩情報は，それぞれがディジタル情報に変換できます。たとえば，表 3.1

| 桃 | 黒 | 赤 | 青 |
|---|---|---|---|
| 黒 | 黒 | 桃 | 黄 |
| 緑 | 赤 | 青 | 青 |
| 緑 | 水 | 赤 | 白 |

**図3.2** 16種の色彩による情報伝送

**表3.1** RGB 信号表現

| 色 (R, G, B) | ディジタル信号 |
|---|---|
| 赤 (255, 0, 0) | $0\,(000)_2$ |
| 緑 (0, 255, 0) | $1\,(001)_2$ |
| 青 (0, 0, 255) | $2\,(010)_2$ |
| 桃 (255, 0, 255) | $3\,(011)_2$ |
| 黄 (255, 255, 0) | $4\,(100)_2$ |
| 水 (0, 255, 255) | $5\,(101)_2$ |
| 黒 (0, 0, 0) | $6\,(110)_2$ |
| 白 (255, 255, 255) | $7\,(111)_2$ |

に示すように，赤（Red）の色彩は赤（R）成分を 255 レベル値として，緑（G）成分と青（B）の色成分をともに 0 とする場合に対応します。この色彩を 3 ビットのディジタル信号（000）に対応させることで，送信側は情報伝送が可能です。黄色は赤（R）成分が 255（$= 2^8 - 1$）レベル値，緑（G）成分は 255 で，青（B）成分は 0 の場合に対応し，3 ビットのディジタル情報（100）として使用可能です。

　ここで，「色度座標」について説明します。色度座標では，赤，青，緑の色信号の組み合わせの代わりに，380 ～ 780nm までの可視光のスペクトルの色彩を馬蹄形内の座標（色度座標ともいう）を活用して，$x$ と $y$ 座標と輝度だけで表現します。図 3.3 は，色の明るさに依らない色度座標の例です。図 3.3 に示した 4 つの丸印の部分に着目してください。たとえば，馬蹄形の上部の黄緑の部分の点を G，馬蹄形の左部の青の部分の点を B，馬蹄形の右部の赤の部分の点を R とし，中央の白部分を W とします。この 4 つの色彩を「情報信号」として活用します。4 つの色彩を用いると，$2^2 = 4$ ですから，1 つの色彩情報で「2」ビットの情報

伝送ができます。1 秒間に「赤 (11)」「青 (10)」「赤 (11)」「白 (01)」「緑 (00)」「白 (01)」と点滅させて色彩信号を送ると、1 秒間に「111011010001」の 2 進符号列を送ることにより、12 ビット / 秒の情報伝送を行うことができます。図 3.4 に示す馬蹄形内の色彩を $(x, y)$ 座標を用いる変調方式が CSK（Color Shift Keying）として、IEEE（米国電気・電子学会）で標準化されています。CSK 変調方式を用いて送られる、色彩ごとに確定する特定のビット長の情報を CSK コードと表現する場合があります。CSK コードで表現した色彩信号を TV 画面やスマートフォン上の画面内の、$n \times n$ の枡目（$n^2$ の配置場所）上で表示し、それぞれが、相異なる色彩（同じ色彩も許容）を同時に、かつ独立に点滅させれば、情報伝送が実現できます。この点が従来の QR コード（Quick Response Code）と本質的に異なる特徴です。QR コードでは一次元の横方向にしか固定情報を持たないのに対して、CSK コードは 2 次元でかつ時間的な変化を高速で実現できる、動的な情報コードであるからです（詳細は http://ja.wikipedia.org/eiki/Wikipedia を参照してください）。

CSK コードで 64 色の色彩が利用できる場合には、$64 = 2^6$ ですから、「色彩のある」信号 1 つで「6」ビットの情報伝送ができます。つまり、光の "オン" "オフ" だけで信号伝送する場合に比べて、6 倍の情報伝送が達成できます。

次に、この CSK コードを用いて情報伝送する場合の暗号化の方法について考えます。これらの色彩情報を何らかの表示装置（ディスプレイ）を用いて CSK コードで表現（伝送）すると、表示データは、他人にも容易に横から見えてしまいます。すなわち、秘密に、特定の人だけに情報を伝えたい場合には、第三者からの盗聴を回避するための新たな工夫が必要になるわけです。すなわち、CSK コード表示された画面の盗聴の危険性を回避できる工夫が行えれば「特許」になる、と着眼できることが重要です。ここで、CSK 信号の高速点滅により情報伝送を行うときには、人の目で情報識別することは、一見非常に困難と予測されます。つまり、秘匿性の面では安全ではないか、と安易に思考を中止してはいけません。たとえば、ディジタル録画等の手段を用いれば、CSK 画像をスローモーションで再表示させ、複数の表示情報の時系列を分析すれば、当該の CSK 情報が解読される糸口が見つかる可能性があるかも知れないからです。このように、技術者は常に現状の問題点を積極的に発掘できる考察力と、思考を中止しないだけの忍耐

力を培うことが肝要です．

　一般的には，CSK による情報伝送では，色彩情報を含む信号は一定の形状枠の範囲内に限定されます．このとき，その色彩が表示される平面空間内の枠の形状や範囲を規定する輪郭図形の形状を暗号鍵として使用できないだろうかと，発想することがアイデア発掘の源泉になります．

　受信側で輪郭形状を検出するためには，あらかじめ各種の輪郭形状を判断するためのエッジ形状の正規化パターンを用意し，受信画像との間での相関係数を計算し，最も "1"（最大値）に近い相関値が得られたものが，当該パターン形状と判別できればよいわけです．この場合，輪郭枠の形状種別そのものは，暗号鍵として利用できます．

　図 3.3 に示す馬蹄形の色度図上の座標位置が同じであれば，同じ色彩となり，CSK コードのビット情報が確定します．ところが，これらの色彩が持つ情報を輪郭図形の形状によって情報変換（コード変換）させることで，各 CSK コードを暗号化することが可能です．このようなコード変換表を暗号コード表として活用すれば，秘匿通信が実現できます．

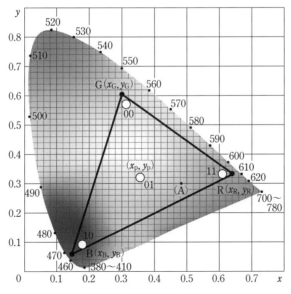

**図 3.3**　色度座標の表現

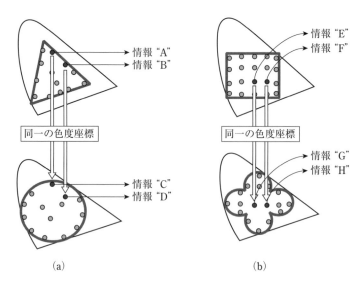

**図3.4** CSK信号の暗号化のアイデア

　図3.4（a）の上側では，三角形の中にCSKコードが配置されています．受信側で輪郭図形が三角形である場合には，情報A，情報Bと識別する色彩は，もし，輪郭図形が円の場合にはそれぞれ，情報C，情報Dと判断するように暗号コード表を活用すれば，容易に秘匿通信が実現できます．

　同様に，図3.4（b）の上側では，四角形の中にCSKコードが配置され，受信側では情報E，情報Fと識別する色彩は，もし輪郭図形が四葉のクローバの場合には，それぞれ情報G，情報Hと情報変換して判断することができます．三角形，円，四角，四葉のクローバ以外にも，多様でかつ複雑な図形を用いるように拡張することは容易に可能です．受信側の分解能を向上させ，多くの暗号コード変換表を送受信間で共有することにより，非常に多くの暗号鍵の生成ができるからです．このように，CSKを活用した安全な暗号通信は，特許として出願できる可能性があります．

　以下に，CSKによる可視光通信の「セキュリティ」を高めるための，暗号通信を発明として仕上げるための請求項の記述方法と，特許庁の審査官の理解を助けるために必要な技術を解説します．

　CSK信号の色表現（表色）に二次元座標を用い，$(x, y)$ の2つの数値の組み

合わせで色彩表現を行う色度図を利用します。R（Red）G（Green）B（Blue）光の混合比で決まる任意の色は，RGB光の強さの和を1とし，R光とG光の相対比を用いると，残りのBの相対比は自動的に決まるため，2つの数値の組み合わせで色彩は決められます。

　ここで送信側から送りたい元データのビット列を，CSK信号の色度座標上であらかじめ定義されたビット長ごとに区切り，その後，当該の長さのビットコードと使用する色度とを対応させ，ビット列を連続するCSKコード（セル）群で表現し，所定の輪郭形状（通常は正方形や円を使用）内に順次配置すれば，ディジタル情報伝送が実現できます。第三者が横から覗き見をして，送信側の色彩情報が盗まれた場合でも，CSKコードは輪郭形状で暗号化されているので解読は不能です。一般的には，CSKコード群を送るために使用する（全体の）輪郭形状には，正方形や円形が使われます。しかしながら，もし，輪郭形状の種別を微妙に変化させることが可能になれば，その変化状態は，新しい暗号情報として使用できます。すなわち，この変化しうる輪郭形状の情報を，送信情報の解読用暗号鍵にできる特性を活用すれば新たな発明を創作できます。

　輪郭形状の種別に関しては，あらかじめ，当該の受信者だけに事前に知らせておき，当該の輪郭形状種別に対応して，CSK情報の「コード変換」を行えば，第三者はそのCSKコードを解読できません。ここで，輪郭形状は受信機器（イメージセンサー等の撮像素子等）の分解能にも依存しますが，ほとんど無数の種別を利用できると考えてよいでしょう。たとえば，楕円の縦横比率を微妙な比率で増減させたり，各種の多角形を用いたり，さまざまな花弁模様を用いたりすることも可能です。この原理を知らない第三者には，CSK信号でディスプレイ表示された色彩の情報は，正しいディジタル情報に変換できず，万が一盗聴されたり，録画されたりしても解読不能な暗号通信を実現できます。

　将来的には，どのような色彩の集合で構成されるCSKコードを用いるのが適切であるかについては，人の生理学的側面や心理学的側面にも配慮して，色彩の種別を使用する必要が出てくるかもしれません。一般的には，赤色に偏った色の集合（赤色オフセットCSK信号）は，視認性が高く，危険察知の面で効用がありそうです。一方，緑色に偏った色の集合（緑色オフセットCSK信号）は，安心でき，心地よく感じる要素がありそうです。これらがユーザーの要望に応じて

自由に選択できるようになればCSK通信の利便性は一層向上するでしょう。

前述のアイデアを発明レベルに高めるための思考プロセスを，以下の3つのステップを踏んで発明の請求項を記述する手法を解説します。

**ステップ1** 現状で困っている点を明確化する

CSKを用いて可視光通信を行う場合は，通信状況を送受信側どうしで視認しながら情報の送受信を行います。CSK通信では，色彩と情報コードの対応関係が第三者に判明していると，通信内容の解読が可能になります。したがって，この状況を回避するための，第三者からの盗聴排除を行う方法を見つける必要があります。まだ，第三者からの盗聴を回避できるような安全な通信方法は，CSK通信ではいまだに実現されていません。いかにして，第三者が盗聴しようとしても解読不能な暗号通信を経済的に実現するかが，解決課題となります。

CSKを活用した情報通信システムとしての利便性を高めるため，通信速度を適切に，自由自在に変化できるメカニズムを備えることでユーザーの利便性は飛躍的に高まると考えられます。以下にこれらの技術課題を明確化します。

**ステップ2** 問題点の解決に必要となるアイデアを組み立てる

CSKを活用した可視光通信では，受信側には既存のイメージセンサーを受光素子として活用できます。発信側の光源として，マルチカラーLEDも有効に使用できます。これらの機能を持つスマートフォンを発信側の通信手段として用いることで，使用画像や音声，テキスト等に，容易にマルチメディアのデータを重畳して受信側で再現することができます。それでは，暗号化のための輪郭形状の種類は，どのような種類が可能かについて考えてみましょう。6種類のパターンの輪郭図形の一例を図3.5に示します。

図3.5に示す6種類の輪郭図形の内側には，8（$2^3$）個のCSKセルを配置しています。たとえば，四角形のPT（パターン：Pattern）1や三角形のPT3などの多角形，円形のPT4のほか，PT2などの四葉のクローバ形状を用いることもできます。輪郭図形としてのパターン識別が送受信側で可能であれば，任意の形状を用いることができます。これらの複数の輪郭図形を使用した色度座標上で，図3.5に示した8つのCSKセルを配置すれば，特定の輪郭図形に対応して，それぞれの配置されたCSKセルは「別のビットコード」を表現し，暗号化された情報信号としての役目を果たします。

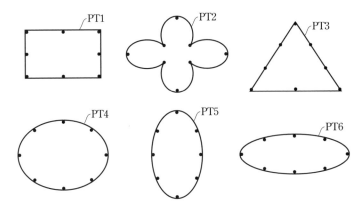

**図3.5** 輪郭図形の種類の例

　一方，暗号化された CSK 通信でも，常時同じ種類の暗号を用いると，長い時間をかければ，いずれは第三者に解読される可能性も出てくるかもしれません。このため，事前に受信側にコード変換則（暗号鍵に対応）を伝達し，適宜に変更できる機能もあわせて必要になります。送りたい信号はテキスト信号に限らず，画像や音声信号も伝送できる方式に拡張を図ることもできます。たとえば，色度図上での座標位置の割り当てを，これら各種のメディアごとに事前に行えば，容易に各種メディアの混在した通信が実現でき，受信側で異なるメディアを判別して対応する周辺装置に出力することも可能です。

　図 3.6 にカラーシフトした CSK コードの色度座標上での配置例を示します。この配置例は，図 3.5 に示した輪郭図形の種別として PT4（円形）を使い，この輪郭図形を色度座標上に 4 種類配置した場合に対応します。もし赤色にカラーシフトした CSK コードを CSK 通信用のセルとして活用したい場合には，PT4R（Red）内の 4 種のカラーコード（1 つの CSK セルは 2 ビットコードに対応）を選びます。緑色にカラーシフトした CSK コードを用いたい場合には，PT4G（Green）内の 4 種類を選びます。もちろん，カラーシフトさせる必要性のない場合には，PT4B（Blue），PT4R，PT4G に加えて，PT4W（White）の白色シフトの色度座標の領域を同時に利用します。このように CSK 信号の活用法に工夫を施すことで，容易にマルチメディアを扱えます。

　図 3.6 では，1 つの PT4（円形）内には 4 種類の CSK 信号を含める場合を示

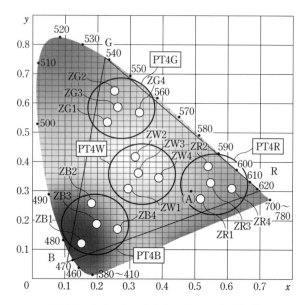

**図3.6** カラーシフトしたCSKコード配置例

しています。色度座標上の16種類の全CSKセル（1つのセルは4ビットコードに対応）を，同時に特定の輪郭形状内に複数配置して送信（表示）すれば，伝送ビットレートは同時送信されるCSKセル数に比例して高めることができます。

また，画面表示を毎秒30フレームで変化させれば，120 b/s（= 4 × 30 b/s）の情報伝送度を達成できます。このように，CSKセルによる可視光通信では，あらかじめ色彩の識別数やフレームレートを決めることで情報伝送速度を設定できます。また，それらをあらかじめ定義された輪郭図形の範囲に入れて伝送する際に輪郭形状を変化させることで，安全な情報伝送を行うことができます。

以上の説明で，CSK通信を暗号化する発明にかかわる，ほとんどの要素技術は理解できたと思います。しかしながら，まだ発明の完成レベルには達していません。

具体的な構成方法を機能と配置で表現することが必要です。このアイデアを実現するための技術的要素を機能と接続（または配置）で具体化してみましょう。

**ステップ3** アイデアを構成要素（機能と接続）で具体化する

このアイデアの実現に必要な構成要素を具体化します。構成要素はそれぞれの要素ごとに機能と配置（接続）で表現できます。

第 3 章 応用的な発明事例　49

　CSK 通信の速度を自在に変化させるとともに，暗号化を実現する発明に必要な構成要素を以下に示します。

　A　送信用発光素子　　B　送信用コード変換テーブル　　C　CSK 変調部
　D　送信用輪郭形状決定部　　E　受信用受光素子　　F　CSK 復調部
　G　受信用輪郭形状判定部　　H　受信コード変換テーブル

これらの構成要素を機能と接続で表現すると，

A　CSK 変調されたディジタル信号を受信（接続）して特定の色彩で発光する（機能）送信用の発光素子

B　送信データを暗号化（接続）してコード変換を行う（機能）送信用コード変換テーブル

C　色度座標を受信後（接続）に CSK 信号に変調（機能）する CSK 変調部

D　送信データを変換するために使用（接続）する輪郭形状を決定（機能）する送信用輪郭形状決定部

E　CSK 変調されたディジタル信号を受信（接続）して撮像（機能）を行う受光素子

F　CSK 信号を受信（接続）して復調（機能）する CSK 復調部

G　受信データを逆換して元のデータ値に復元（接続）するために輪郭形状を判定（機能）する受信用輪郭形状判定部

H　受信データの復号に使用する（接続）コード変換を行う（機能）受信コード変換テーブル

の集合で記述できます。各構成要素は機能と接続で表現されていますので，CSK 変調信号を用いて，任意の速度で暗号通信を実現するメカニズムを理解することが可能です。

　この発明の送信部における基本的な骨格は，構成要素 A と C を組み合わせて送信する CSK 信号が，構成要素 B と D を同時に使用することで新たな効果を発揮するように構成できることです。この方法により，従来とはまったく異なる概念の暗号通信が，視認性の高い可視光通信に対しても安全に実現できます。したがって，従来にはなかった新規性を備えます。

　この発明は「高い安全性」を容易に達成でき，従来製品と比べて，すぐれた特徴を備えています。この技術は当業者であっても，類推することは困難ですので，

50　第I部　アイデアから特許まで

「進歩性」を備えた創作物と考えることができます。

　この発明は，次式で表現できます。

　　　　発明 ＝ A ＋ B ＋ C ＋ D ＋ E ＋ F ＋ G ＋ H

　次に，請求項を記述するステップを説明します。特許されるためには，特許庁審査官が創作された技術を明確に把握できる必要があります。特許の実施例を正確に把握するために，これまで具体的には述べなかった，コード変換のメカニズムの例を説明します。

　表3.2に示す変換テーブルを，送信側および受信側に設ける場合の具体例を説明します。表3.2では，データと色度座標値が1対1で対応している関係を定めています。たとえば，8色の色度座標値 Z1 ～ Z8（実際には，Z1 は，ZR1（赤）/ZG1（緑）/ZB1（青）/ZW1（白）の4種類の代表として表現できますので，32種類の色度座標に対応）と8種類のデータは1対1で対応しています。この対応関係は輪郭形状 PT1 ～ PT4 ごとに異なります。

　たとえば，輪郭形状 PT1 と輪郭形状 PT2 のように，Z1 ～ Z8 のすべてのデータが異なったり，輪郭形状 PT1 と輪郭形状 PT3 のように，Z6 および Z7 のみが異なる場合も適用できます。また，Z1 ～ Z8 は図3.3の馬蹄形で囲まれた任意の色度座標値の中から選択できます。8色の Z1 ～ Z8 の代わりに4色の ZG1，ZG2，ZG3，ZG4 あるいは4色の ZB1，ZB2，ZB3，ZB4 を用いるかあるいはこれらの組み合わせで使用することも可能です。このように，データと色度座標値の対応関係の少なくとも1つが異なることで，CSK変調信号の通信において暗

表3.2　送受信端末で保持する変換テーブル（色度座標と輪郭形対応のコード表）

| 色度座標値 | 輪郭形状(PT1) | 輪郭形状(PT2) | 輪郭形状(PT3) | 輪郭形状(PT4) |
|---|---|---|---|---|
| Z1 | 000 | 001 | 000 | 010 |
| Z2 | 001 | 010 | 001 | 100 |
| Z3 | 010 | 100 | 010 | 111 |
| Z4 | 100 | 011 | 100 | 110 |
| Z5 | 011 | 110 | 011 | 000 |
| Z6 | 110 | 101 | 101 | 001 |
| Z7 | 101 | 111 | 110 | 101 |
| Z8 | 111 | 000 | 111 | 011 |

号機能を持たせることができます．

前述の説明のように，特許の出願明細書には，具体的な実施例を示すことが必要です．特許庁の審査官が，当該の発明が「確かに実現可能であり，かつ必要十分に明確な記載である」旨を認識できる必要があるからです．

以上の説明で，発明の請求項を記載する準備ができました．本特許を構成するための具体的な実施例では，送信装置（図 3.7）と受信装置（図 3.8）に分けて，

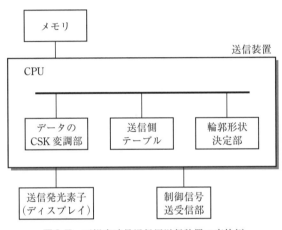

**図3.7** 可視光暗号通信用送信装置の実施例

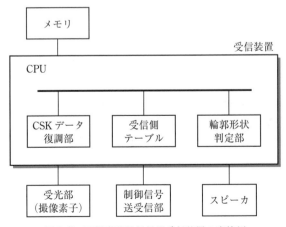

**図3.8** 可視光暗号通信用受信装置の実施例

暗号通信機能を付加した可視光通信システムが構成できます。

　この特許の実施例に示すように，CSK 信号を送信する暗号通信システムの送信装置は，データの CSK 変調部がメモリに格納されている送信側テーブルの輪郭形状（PT1 〜 PT3 等）のいずれかを参照し，送信側テーブルに基づいて送信するデータを色度座標値の色に変換します。CSK データ変調部は，たとえば輪郭形状 PT2 を参照し，データ「001」を色度座標値「Z1」に変換します。ほかのデータについても同様に変換処理が行われます。CSK データ変調部が輪郭形状 PT2，色度座標値「Z1」の色を発光素子で構成されたディスプレイに表示し，データを CSK で変調した CSK 変調信号を送信することで暗号通信を実現できます。

　一方，CSK データの受信装置は輪郭形状と色を元データに復調する機能が必要です。ここで，受光部は送信側のディスプレイに表示されている輪郭形状とセルの色を撮像し，撮像した画像を CPU に出力します。CSK データ復調部はメモリに格納されている受信側テーブルを参照し，画像に含まれる輪郭形状 PT2 とセルの色度座標値「Z1」を識別します。データ復調部は受信側テーブルに基づいて，色度座標値「Z1」をデータ「001」に変換します。

　ここで，同じ色度である座標値 Z1 および Z2 の場合でも，輪郭形状が異なる場合には表現できる情報種別が異なるようにデータを構成できます。たとえば，三角形の輪郭形状 PT3 の色度座標値 Z1 と Z2 は，情報「000」と情報「001」のように表現します。さらに，受信装置へスピーカーを接続すると，音声または楽曲信号を受信した場合にはスピーカーを鳴らすことも可能になります。

　実際には，輪郭形状をリアルタイムで判別するためのアルゴリズム，送受信装置のテーブル更新手順などを記すことが望ましいです。また，通信中の制御信号のやり取りにより，輪郭図形による変換テーブルの定義づけを送受信端末間でダイナミックに変更する技術などもありますが，本書の範囲を超えておりかつ紙面数の制限上，割愛します。

　可視光通信用暗号方式の実現に必要な最小限の構成要素は，以下の第 1，第 2 の請求項に含まれ，2 つの請求項で本発明の主体になる権利の獲得が可能です。

　発明の創作にかかわる最後のステップとして 2 つの請求項の形式にまとめ，権利範囲を明確化します。以下に，請求項をまとめるための考え方を述べます。

　本発明では，可視光を用いた CSK 通信の本質的な機能として，①通信速度の

任意設定，②通信の暗号化の2つの機能を明確化します．そのために，まず，通信速度の可変化にも対応できる機能を明確化する創作を請求項1で記述し，この技術を前提として，暗号通信に必要となる創作を請求項2で記述します．すなわち，請求項1は独立項で，請求項2は第1請求項の従属項として記述します．CSKコード送信用の形状内のセル数を可変にすることにより，情報伝送速度を随意に変更できる技術について，先ず権利取得を行うことが重要と思われるからです．以下に，請求項1と請求項2の記述例を示します．

**請求項1の記述例（CSK変調方式を用いた情報伝送速度向上の技術）**
「CSKコードを用いて片方向通信の形態にて，可視光発光素子を用いた通信を行う通信システムにおいて，特定の輪郭形状の範囲内にCSK変調されたセルを埋め込み，当該のCSKコードを用いて表示された画面をPCモニター，またはTVモニター，またはスマートフォン，または携帯端末等の画像，またはテキスト表示用の画面に重畳させる通信方式を用い，当該のセルの色彩の識別数を$M$個に制限し，セル数を$N$個に制限し，背景として使用される画像は，適宜，CSKデータに重畳して通信を行う状態から，さらに使用セルは同じ大きさに保った状態で，上記の輪郭形状のサイズを可変に設定できるメカニズムを

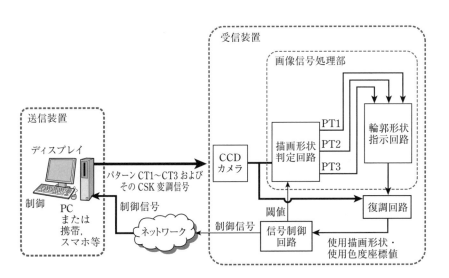

図3.9　実践的な特許実施例

備えるとともに，当該の拡大あるいは縮小された輪郭形状の範囲内に入るセルの制限数 $P$ を，事前に受信側に伝達できるメカニズムを備え，CSK コードを使用した通信速度を任意に調整できることを特徴とする可視光通信システム」

**請求項 2 の記述例（CSK 変調を用いた暗号通信方式の技術）**

「CSK 変調を用いた上記第 1 請求項における可視光通信システムにおいて，当該の輪郭形状の種類および種類数を事前に受信側に伝達できるメカニズムを備えるとともに，当該輪郭形状の種別を変更することにより，送信する信号の情報内容を異なるものと認識させるための暗号化を施し，当該輪郭形状の種類とその範囲内に配置されるセルの情報との対応関係を事前に知っている受信端末に向けて信号を送信することにより，暗号通信を実現することを特徴とする可視光通信システム」

なお，技術レベルは高くなりますが，特許取得に執念を燃やす新人技術者のために，特許実施形態として，より実践的な例を図 3.9 に示します。図 3.6 との主な相違点は，

①送信側と受信側で双方向に正常信号を送受信しあうことができる

②暗号コードの変換やダイナミックに変更できる要素を備え，その機能を可視光通信とは別のネットワーク経路で運用管理できる技術を内蔵している

2 点です。その他の機能に関してはおおむね同等と考えてよいでしょう。読者のみなさんは，より具体的な実施例として理解できると思います。

実際に本特許で述べた技術を実現するためには，各種の判定回路や制御回路をプログラム処理できるプロセッサに内蔵する必要があります。すなわち，前述した技術に加え，多くの周辺特許をあわせて出願することが効果的です。

コラム 5 では，この周辺特許についての考え方を解説します。

### 周辺特許

　みなさんは会社が新しい製品を開発する際に，みなさんの考えた特許を用いて万全の体制で特許化を推進する場合に上司から「周辺特許はすべて押さえているか」というダメ押しされたことはありませんか。この「周辺特許」とは何でしょうか。

　実は，開発製品の実現に最も重要となる特許は「必須特許」として扱い，その特許にかかわりのある特許は，周辺特許として扱うことがあります。そうはいっても，周辺特許は必須特許に基づいたシステムあるいはプロダクツを実施するうえで，切っても切れない関係にあります。コンピュータの中核となるプロセッサの開発を考えてみましょう。プロセッサは演算処理を行うもので，たとえばキャッシュメモリを高速動作させる並列処理技術やパイプライン技術は，必須特許として位置付けられる場合が多いですが，メモリやI/O機器とのインタフェースがなければ，まったく役には立ちませんね。プロセッサの性能を最大限に発揮させるために周辺機器とのインタフェースをどのように構成するかは，プロセッサの設計と同等に重要な意味を持ちます。もうおわかりですね。プロセッサを設計する技術者にとっては，このような周辺特許のすべてを同時に開発することが一般的に実施されています。

## 3.4　遠隔通信制御システムの請求項と特許実施例

　身体の状況や交通渋滞等の影響で，病院に治療を受けに行くことが困難な場面で「遠隔から安全に治療ができれば便利なのに…」と考えたことはないでしょうか。患者の住居や居住する施設が，信頼のおける病院から離れた遠隔地にある場合や，とくに，患者が歩行障害を伴っている場合にはこの種の遠隔医療サービスがあれば便利です。「遠隔医療サービス」は患者には福音をもたらすことに鑑みると，まさに「ニーズ指向」に応える特許発明をしようと踏み込むことが，発明の創作につながる重要な動機になります。本節では，遠隔医療サービスを実現するうえでの解決課題について考えてみます。この課題を解決するために，どのようにして発明のレベルにまで高められる創作を実現できるかについて，具体的な発明のプロセスを探ります。この発明はニーズ指向型ですから，次に示すステップ1からステップ3を経て発明を具体化します。

56 第Ⅰ部 アイデアから特許まで

**ステップ1** 現状で困っている点を明確化する

　患者の個人的な医療・診断情報は，一部の医療機関に閉じて活用されます。また，患者が遠隔の医療機関から遠隔医療サービスを受ける場合には，診療の正当性を事前にチェックできる手段が必要になるでしょう。患者が遠隔からの医療サービスを受信する場合，患者は，間違いなく，かかりつけの病院であることを確認できることにより，安心して，通信ネットワークに接続できます。病院側は患者の状態をリアルタイムに診断し，その診断結果に応じて適切な薬剤を提供できるようになります。

　これらを実施するための技術手段が明確化されれば，患者が通院しなくても，リアルタイムに適切な医療サービスを受けることができるようになるでしょう。また，患者側にある通信端末が移動する場合（たとえば救急車の中にいる場合）には，相互に病院の正当性を確認できるような機能がないと，安全に，屋外での医療サービスを受けることができません。これらの課題を解決するためのアイデアを創作する必要があります。

**ステップ2** 問題点の解決に必要となるアイデアを組み立てる

　前述した技術課題を解決するための手段について考えてみましょう。これらの課題を解決するためには，医療機関では通信ネットワークに接続された管理サーバを設け，当該管理サーバが患者と医療機関と相互に認証を行い，患者による診療情報の登録や，参照を可能にできる手段を設けることが必要です。遠隔医療を実現するうえで注意すべきことは，医療機関側だけでなく，患者側からも病院の正当性を相互に認証できるようにすることが必要です。通常，医療機関側は，個人情報の流出を防ぐために患者の認証を行うことが求められますが，同時に患者側でも，偽の医療機関を判別する手段や，医療機関側の患者の取り違えを防ぐなどの安全性を確保できる手段を設けることが必要です。

　また，遠隔医療に付随するサービスとして，アロマテラピーの活用も考えられます。アロマテラピーのように香りを提供するサービスを行うためには，患者の現在の健康状態や精神状態に応じて適切な香料の調剤を行う必要があります。

　そのときの患者の生理的な状態や周囲の温湿度環境等を考慮して適切な色彩の照明光を施すことにより，気分が癒される場合があることも実験で検証されています。さらに色彩に $1/f$ のゆらぎのパターンを重畳することにより，気分が落ち

つき，快感情度が向上することも報告されています。したがって，これらの癒しの提供や香料や薬剤の調剤等が，遠隔医療サービスとして実現する場合には，照明光の色彩種別，1/fのゆらぎパターンの情報，利用する薬剤や香料の調剤等を規定するレシピに関する情報を含むデータベースを病院側で準備して，リアルタイムに活用する必要があります。このデータベースを用いて，病院側にある遠隔制御端末が通信ネットワークを介して患者側のクライアント端末を制御することで，クライアント端末に医療サービスや香りサービスを実施するためのメカニズムを明確化すれば，目的の発明が創作できそうです。

　しかしながら，まだ発明完成までのレベルには達していません。具体的な構成方法を機能と接続（または配置）で具体化することが必要です。このアイデアを実施するための技術的構成要素を機能と接続（または配置）で具体化します。

**ステップ3**　アイデアを構成要素（機能と配置）で具体化する

　前述のアイデアを実現するために，構成要素を工夫して具体的に表現します。構成要素はそれぞれの要素ごとに機能と接続で表現できます。

　発明を完成させ，前述の遠隔医療サービスを実施するためには，病院の遠隔端末からの制御信号を受信する手段や，遠隔端末の送信する地理的な位置情報を認証する患者側に設置されるクライアント端末の認証手段等も必要になります。

　以上述べた観点から，この遠隔制御システムを実現するための必要最小限の構成要素は，次のように整理できます。

A　病院側位置情報取得手段　　B　クライアント側位置情報取得手段

C　病院側制御端末位置情報送信手段

D　クライアント側端末位置情報送信手段　　E　病院側遠隔端末認証手段

F　クライアント側端末認証手段　　G　クライアント側端末状態通知手段

H　遠隔端末データベース格納手段　　I　サービス実行手段

J　可視光制御情報送信手段　　K　照明装置　　L　センサー

これらを，具体的に機能と接続で表現すると，

A　病院側に設置され，病院の正確な地理的位置情報を取得する（機能）病院
　　側位置情報取得手段

B　患者宅に設置され，患者宅の正確な地理的位置情報を取得する（機能）ク
　　ライアント側位置情報取得手段

C 病院側位置情報取得手段によって得られた（接続）位置情報をクライアント側制御端末に（接続）送信する（機能）病院側制御端末位置情報送信手段

D クライアント側位置情報取得手段によって得られた（接続）位置情報を病院側制御端末に（接続）送信する（機能）クライアント側端末位置情報送信手段

E クライアント側端末から受信した（接続）クライアント側位置情報が，正しく登録されている患者宅のものに一致するかどうかを，遠隔端末データベース登録情報と照合（接続）して認証を行う（機能）病院側遠隔端末認証手段

F 病院側遠隔制御端末から受信した（接続）病院位置情報が，すでに登録されている位置情報と一致するかどうかの認証を行う（機能）クライアント側端末認証手段

G 病院側において特定の患者の医療用個人データベースを活用（接続）して，遠隔診断時（接続）に個人の診断データ等を病院側の通信端末に提供（機能）するクライアント側端末状態通知手段

H クライアント側端末認証を行う際に活用され（接続），クライアント側端末位置情報の登録情報や個人ごとの医療データ，薬剤データを格納（機能）する遠隔端末データベース格納手段

I 病院側制御端末の可視光制御情報を受信し（接続），当該の可視光照明の色彩制御を実施（機能）するサービス実行手段

J 病院側の遠隔制御端末サービス実行手段の指示を受け（接続），可視光制御情報を送信する可視光制御情報送信手段

K クライアント側端末内のサービス実行手段の指示に基づいて（接続）可視光照明制御が行われたときに指示通りに可視光の色彩を発光する（機能）照明装置

L クライアント側端末内のクライアント端末状態通知手段に向けて（接続）患者の生理的状態をモニタリング（機能）するセンサー

構成要素 A～L の全体の構成が遠隔制御通信システムの発明に活用できます。この発明の例では，次式で発明の式を表現することができます。

$$発明 = (A + B + C + D + E + F + G + H + I + J + K + L)$$

この発明の技術分野としては，通信ネットワークを介して医療や香りを提供するサービスを，高い信頼性のもとで安全に提供する遠隔制御システムが該当します。

　本発明では，クライアント端末認証手段による認証が成立した場合に限って，薬剤を調剤して医療サービスを提供する手段があわせて必要です。これらの手段を活用することにより，病院側の遠隔制御システムはネットワークに接続される病院側の遠隔制御端末と，クライアント側端末とのあいだでリアルタイムに位置情報を相互認証できます。すなわち，本来の通信相手でない第三者によるなりすましも防ぐ安全なサービスが実現できます。これらの手段を活用することにより，仮にクライアント側の端末が移動端末の場合でも相互認証機能を用いて，屋外の患者を対象とした遠隔医療サービスが提供できます。この理由はクライアント側の端末と病院側の遠隔制御端末が，それぞれの自己の位置情報をくり返し送信することにより，クライアント側の端末と遠隔制御端末との相互認証を継続できるからです。次に発明を実施するための最良の形態について明確化を図ります。

　図3.10を用いて本発明の実施例を説明します。この実施形態は本発明の構成の一例であり，本発明はこの実施形態だけに制限されるものではありません。

　図3.10は，医療用に適用可能な遠隔通信制御通信システムの実施例です。こ

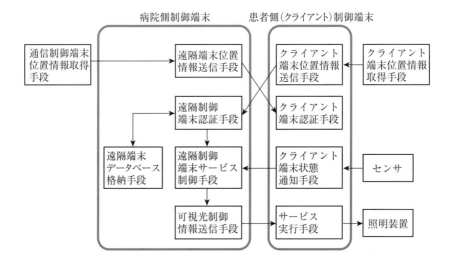

**図3.10**　遠隔通信制御通信システムの実施例

の遠隔制御システムは，医療提供サービスに利用する薬剤の調剤を規定するレシピに関した情報を含む医療データベースに基づいて，病院側の遠隔制御端末が通信ネットワークを介してクライアント側の端末を制御し，クライアント側端末に医療サービスを提供できます。遠隔制御端末には，遠隔地にあるクライアント側端末に対して薬剤データ情報等を送信できる機能を有するソフトウェアが搭載される必要があります。遠隔制御端末は，遠隔治療の必要がある複数の患者のデータを格納する医療データベースを格納する記憶手段を備えることが必要です。医療データベースには，患者ごとに病状や状態，投与すべき薬剤や香料のデータ，診療履歴等の医療等に関するデータが，これまでの診療結果を反映して，あらかじめ格納されていることが必要です。一方，患者宅には治療装置と医療機関からの薬剤データを受信して，治療装置を制御する機能を有する制御ソフトウェアを搭載したクライアント端末が必要です。治療装置としては，たとえば薬剤の噴霧装置が該当します。医療サービスの代わりに，香りサービスを提供することも可能です。この場合，遠隔制御端末記憶手段の格納する医療データベースには，香りサービスに利用する香料の調剤を規定するレシピ情報を含むことが必要です。また，病院側のクライアント端末は，クライアント側端末位置情報の取得手段と，クライアント端末送信手段と，制御信号受信手段と，クライアント端末の認証手段と，医療サービス実行手段を備えることが必要です。たとえば，クライアント端末に患者の識別情報（患者の ID，パスワード等に加え，緯度と経度等の位置的情報も含む）が入力されると，クライアント端末位置情報の取得手段は，前記のクライアント情報を取得できます。このように，位置情報を含むクライアント情報を自動取得後に，入力された患者識別情報とともに，病院側端末に送信します。ここで，パスワードなどのあらかじめ定められた文字列や虹彩，指紋，静脈などのバイオメトリクス情報などの複数の認証データは病院側に送信されるので，病院側では 3 要素以上の認証を行うことが好ましいと考えられます。位置情報を高精度に取得できれば，アンテナの設置場所によって認証用の位置情報は容易に変更できるので，第三者のなりすましを防ぐことも可能になります。たとえば，従来の GPS 衛星に基づく位置情報の精度は 1 m 以下であるが，より適切には 10 cm 以下であることが好ましいでしょう。

　遠隔サービス制御手段を病院側の端末に設け，遠隔端末認証手段による認証が

成立した場合には，遠隔制御端末記憶手段に格納されている医療データベースに基づいて医療サービスを実施するための制御信号を発生します。一方で，遠隔制御端末の位置情報取得手段は，自己の地理的な位置情報を取得することが必要です。このような制御手段を備えることにより，病院側のなりすましで，不正な薬剤データが無作為に患者側に投与されることも未然に防ぎ，適切な遠隔診療を行うことが可能になります。

　なお，病院側の端末から送出する制御信号には，薬剤投与を行う治療装置に加え，可視光照明装置，$1/f$ゆらぎ照明器具などを動作させる信号を送信するとともに，これらの治療装置に調剤させる薬剤の種類や各々の薬剤ごとの分量などの薬剤データを含めることが望ましいです。ここで，薬剤とは，錠剤，カプセル，散剤の場合が考えられます。また，治療装置は噴霧装置でも構いません。患者宅では医療機関から送信された薬剤データをクライアント端末が受信し，その情報に基づいて薬剤の噴霧装置を制御することにより患者への薬剤の投与が可能になり，薬の処方を遠隔から正常に行うことができます。

　前述した議論を元にして請求項の具体的な記述により，発明の権利を明確に表現します。

　請求項は以下のように記述できます。

### 請求項1の記述例

　「可視光照明提供サービスに利用する照明光を規定するレシピに関連した情報を含んだデータベースに基づき，遠隔制御端末が通信ネットワークを介してクライアント端末を制御してクライアント端末に前記照明提供サービスを実行させる遠隔制御システムにおいて前記クライアント端末は，生理的状態を検出するセンサーの検出した生理的状態を前記遠隔制御端末へ状態通知情報として送信するクライアント端末状態通知情報送信手段と，前記遠隔制御端末から受信した可視光制御情報に従い，時間分布が各種の$1/f$パターンを持つように色彩ごとの輝度または単色色彩の輝度を制御して提供する可視光照明提供サービスを実行するサービス実行手段とを備え，前記遠隔制御端末は，前記データベースを格納する遠隔制御端末データベース格納手段と，前記クライアント端末状態通知情報送信手段から前記状態通知情報を受信すると，前記遠隔制御端末データベース格納手段を参照し，前記レシピに基づき，前記状態通知情報に応

じた前記可視光照明提供サービスを実行するための可視光制御情報を発生する遠隔制御端末サービス制御手段と，前記遠隔制御端末サービス制御手段の発生させた前記可視光制御情報を前記クライアント端末に送信する可視光制御情報送信手段とを備えることを特徴とする可視光照明用遠隔制御システム」

## 請求項 2 の記述例

「前記遠隔制御端末は，自己の地理的な位置情報を前記クライアント端末に送信する遠隔制御端末位置情報送信手段と，前記クライアント端末の送信する地理的な位置情報を認証する遠隔制御端末認証手段とをさらに備え，前記遠隔制御端末サービス制御手段は，前記遠隔端末認証手段による認証が成立した場合に，前記可視光制御情報を発生し，前記サービス実行手段は，前記クライアント端末認証手段による認証が成立した場合に，前記可視光制御情報送信手段の送信する前記可視光制御情報に従い，前記可視光照明提供サービスを実行することを特徴とする請求項1に記載の可視光照明用遠隔制御システム」

## 請求項 3 の記述例

「可視光照明提供サービスに利用する照明光を規定するレシピに関連した情報を含んだデータベースを格納するクライアント端末データベース格納手段と，前記クライアント端末認証手段による認証が成立した場合に，前記クライアント端末データベース格納手段を参照し，前記レシピに基づき，前記センサーの検出した生理的状態に応じた前記可視光照明提供サービスを実行するための可視光制御情報を発生するクライアント端末サービス制御手段とをさらに備え，前記サービス実行手段は，前記クライアント端末認証手段による認証が成立した場合に，前記クライアント端末サービス制御手段の発生させた可視光制御情報に従い，前記可視光照明提供サービスを実行することを特徴とする請求項1および請求項2に記載の可視光照明用遠隔制御システム」

これで発明の権利を明確に表現することができました。将来の医療用の遠隔制御通信システムの実現イメージを図3.11に示します。みなさんは，もうこの遠隔医療システムの技術的内容が容易に理解できると思います。

病院と患者のあいだでは，確実な相互認証をネットワークの持つセキュリティ機能とGPS情報等を活用し，高い信頼性のもとで迅速に実施できます。病院側サーバと患者間では通常の認証に使用されるIDやパスワードに加え，高精度の

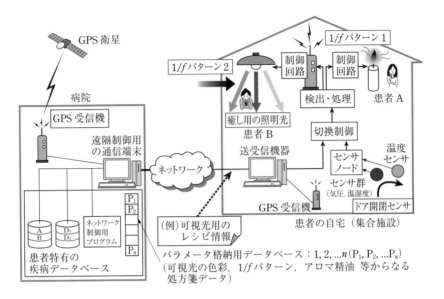

**図3.11** 遠隔通信制御システムの実現イメージ

　GPSによる地理的情報を病院側と患者側の双方で共有できる相互認証機能を活用することにより，セキュリティを一層高めることもできます。遠隔地の患者に対して，可視光照明器の色彩種別や照度の設定，精神的安らぎを与える精油の選定と適量の噴霧，あるいは喘息治療用の薬剤の噴霧等をあらかじめ規定された時刻に，正確に実施できるネットワークサービスを提供できます。将来は「癒し」を通信ネットワークによりリアルタイムに提供できるようになるでしょう。

　ここで述べた技術以外にも，今後はIoT（Internet of Things）を主体とした数多くのビッグデータを活用した新しい医療サービスの応用が開発されると思います。コラム6では，このような状況に鑑み，対象となる特許対象が変遷することについて解説します。

**技術分野の変遷に対応する特許対象**

　1960年代の「三種の神器」としては3C（①冷蔵庫（Cooler），②自動車（Car），③カラーテレビ（Color TV））への需要が国民的に高まり，これらの製品技術にかかわる数多くの特許出願がなされ，日本の産業技術力は大いに向上しました。ここで，①は生活の快適性を高め，②は輸送手段を変革し，国民生活の利便性を高め，③は情報通信技術の成熟化の牽引役を果たしました。

　実は，それより10年前の1950年代でも「三種の神器」として白物家電（①洗濯機，②自動炊飯器，③テレビジョン受信機）が国民から切望されました。今の技術水準から考えると，「ローテク」に当りますが，1960年代の開発技術は一層の「ハイテク化」が推進され，とくに「進歩性」にも十分配慮された多様な「方式特許・製造特許」が創作され続け，この結果，日本家電の技術力は世界のトップレベルに成長できました。

　ここで，1950年代と1960年代の③に着目すると，どちらもTVです。しかし，アナログの「白黒TV」とディジタル「カラーTV」とでは「ハイテク」のレベルがまったく異なります。後者は半導体技術に加え，大容量伝送，情報圧縮，高精細画像処理，データベース等の情報技術（IT）の飛躍的進歩によって初めて実現可能になったからです。この状況の中で，高度な製造技術の蓄積と知的財産の蓄積がなされ，優秀な技術者の育成も実践されたことが日本の産業技術の発展に大きく影響したと考えられます。一方，1970年代後半〜90年代初頭にかけて，日本人の平均的生活水準はバブル期を迎えるまでは向上し続けましたが，生活の成熟度は飽和状態に近づきました。つまり，「非常に欲しいもの」がなくなったのです。すなわち，これまでの「誰しもが欲する三種の神器」といえるヒット商品は，見つけにくくなるほど生活水準が向上し，知的財産の対象も変化しつつあると思います。

　現代社会はインターネットの影響で，「もの（Things, Device, or Machine）」のすべてが，何らかのネットワークにつながっている「IoT（Internet of Things）」の利用度合が向上しはじめています。すなわち，従来は「物」，「器」を実現するための個々の技術に着目して「特許」を考案することで事足りたのですが，最近では，身の回りにある非常に多くのIoT同士が，知らぬ間に，相互連携している状態が増え続けています。すなわち，セキュリティ上の課題に鑑み，安全面に配慮した社会環境を保証するための技術を確立する必要性がますます高まると思います。さらに，複数のインフラサービスを，適切に連携できる「インター・サービス」の具体化についても，産業界を牽引できる知的財産基盤を構築することが必要です。

第 3 章 応用的な発明事例　65

　特定の「器」を対象とした特許を考える時代は，徐々に終焉を迎えています。もの（Device）ともの（Device）が相互に連携し合い，複合的に相互連携された通信サービスが，D2D（Device to Device）通信，M2M（Machine to Machine）通信と AI（Artificial Intelligence）技術を適切に活用して，自由自在に連携できる「インター・サービス」に関連する特許の需要は今後，増加すると考えられます。

　代表的な例として，最近では，「Connected car」（ネットにつながった人工知能付き自動車）とよばれる新しい概念に基づいた新世代の自動車開発が推進されています。Connected car の導入により，人は乗車して社内のコンピュータに目的地を口頭で伝えれば，目的地まで人手をほとんど介さずに，自動走行して送ってくれます。車内のエンジン制御，空調制御，運転経路の選択等は，クラウド上の時々刻々に変化するビッグデータに含まれるトラヒック情報に基づき，完全自動制御されます。さらに，タイヤの摩耗状態等は，タイヤ内に埋め込まれた摩耗検知センサーの通信機能を活用してクラウド上にある走行履歴を勘案して，AI を活用して最適な判断が行われ，到着予定時間通りに最寄りの車両修理場までの自動案内をしてくれます。さらに，音声自動認識技術・合成技術をクラウドのデータベースと連携することにより，企業のリーダは AI の支援のもとで，自動車の走行中もさまざまな取得データに基づいた業務指令や戦略判断等も迅速に遂行できる「走るオフィス」の時代を迎えることでしょう。このように，AI とビッグデータを連携した応用システムやサービスの爆発的な増加を見据えた特許戦略が，今後はますます重要になると思います。

第 **II** 部

# 特許法の基礎

第 4 章　特許制度の概要

第 5 章　特許出願を受けるための条件

第 6 章　優先権出願と分割出願

第 7 章　出願審査請求と出願公開

第 8 章　拒絶理由とその対応

第 9 章　査　定

# 第4章

# 特許制度の概要

## 4.1 特許法の第一歩

　民法は憲法の下，私権の権利と義務について規定しています。この民法は，主に土地や車等の有体物や債権等の無体物を想定しています。発明等の無体物を想定している知的財産権は，発生や消滅，存在形態が民法で想定する従来の権利と大きく異なっています。そのため発明は，民法の特別規則である特許法等で規定しています。発明（実用新案法では「考案」という）は実用新案法でも規定されていますが，実用新案の利用が少ないことから本書では特許法を説明します。

### 4.1.1 法目的

　最近の法律は法目的を第1条に規定するようになってきました。特許法第1条にも法目的が規定されています。曰く，「この法律は，発明の保護及び利用を図ることにより，発明を奨励し，もって産業の発達に寄与することを目的とする」とあります。つまり発明を奨励することが直接目的でもなく，発明者を保護することが直接目的でもありません。特許法の目的は産業の発達です。産業の発達のための手段として発明を奨励し，発明を保護・利用できるようにします。そのため特許法では，発明者や特許権者が得られる利益と，第三者である発明の利用者が得られる利益とのバランスのうえで，産業の発達が最大になるように規定されています。

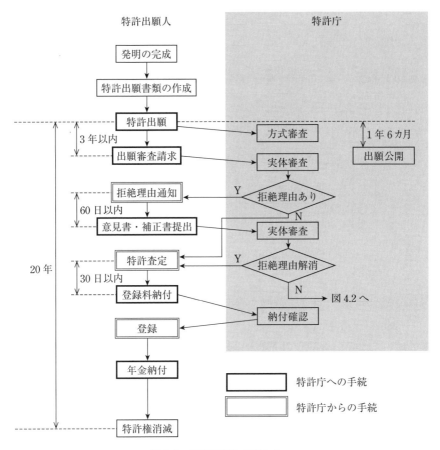

図4.1　特許手続きの流れ1

### 4.1.2　特許手続

発明が完成してから，特許権が期限満了で消滅するまでの流れを，図4.1, 図4.2を使って概括します。

発明の完成から特許出願書類の作成までは，第Ⅰ部で説明しました。本節では特許出願後の手続きを説明します。図4.1において，左側に特許出願人のフローを右側に特許庁のフローを記載しています。

特許出願書類が完成すると特許庁に特許出願します。特許出願された書類は，願書や明細書などの書類が所定の形式要件を満たしているかどうか方式審査され

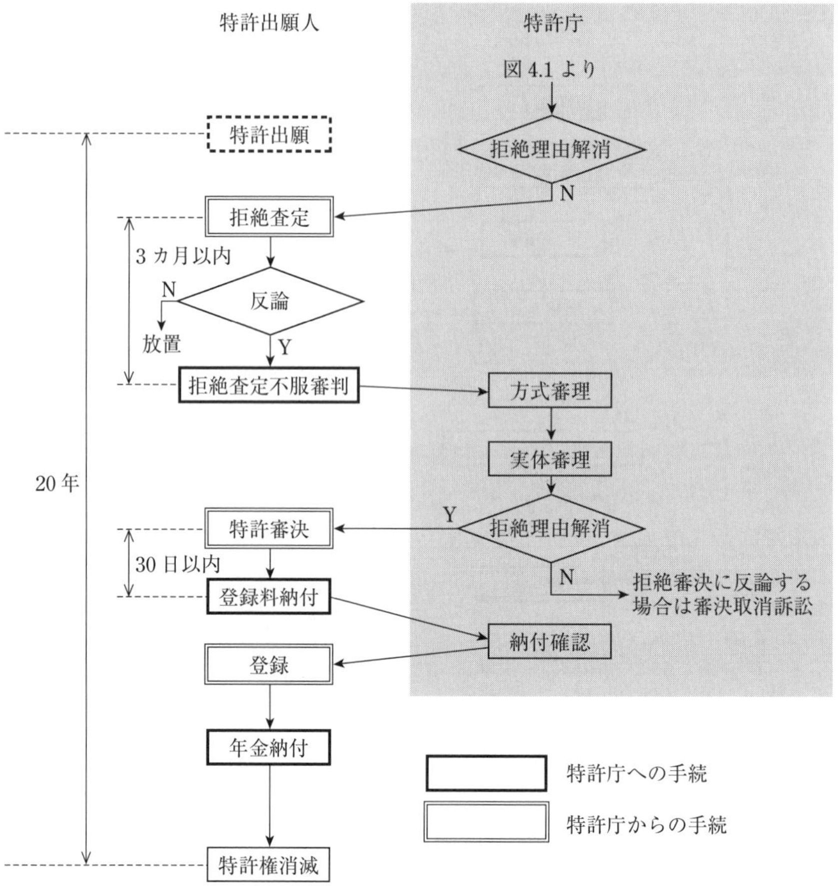

70　第Ⅱ部　特許法の基礎

特許出願人　　　　　　　　　特許庁

図 4.1 より

特許出願

拒絶理由解消
N

拒絶査定

3 カ月以内

N　　反論
放置　　　Y

拒絶査定不服審判　　→　方式審理

実体審理

20 年

特許審決　　←　Y　拒絶理由解消

30 日以内　　　　　　　　N　　拒絶審決に反論する
場合は審決取消訴訟

登録料納付

納付確認

登録

年金納付

特許庁への手続

特許庁からの手続

特許権消滅

**図4.2**　特許手続きの流れ 2

ます。所定の形式要件を満たしていると，特許出願日から 1 年 6 カ月経過して出願公開されます。出願公開では，特許出願の書類を掲載した公開特許公報が特許情報プラットフォーム（J-PlatPat）に掲載されます。

　特許出願した発明が特許として成立するかどうかは，審査官による実体審査（以後，「出願審査」という）を経て行われます。実体審査の請求を出願審査請求といいます。出願審査請求は特許出願日から 3 年以内にしなければなりません。3 年以内に出願審査請求がなければ，特許出願は取り下げたものと見なされ，もはや権利化できなくなります。

審査官は実体審査で所定の特許要件があるかどうかを判断し，拒絶理由がなければ特許査定をします。拒絶理由があれば特許出願人に拒絶理由通知をします。拒絶理由通知を受けた特許出願人は 60 日以内に意見書や補正書を提出して反論します。反論により拒絶理由が解消すれば特許査定をします。拒絶理由が解消しない場合は図 4.2 で説明します。

特許査定がされて 30 日以内に登録料を納付すると特許登録され，特許権者（特許登録されたので特許出願人は特許権者となる）に特許証が送付されます。最初は 3 年分の特許登録料を納付し，4 年目以降は毎年維持年金を納付しなければなりません。維持年金を納付しないと特許権は消滅します。

特許権は，特許出願の日から 20 年で期限満了により消滅します。

図 4.2 左側に特許出願人のフローを右側に特許庁のフローを記載しています。審査官の実体審査において拒絶理由が解消しないと，特許出願は拒絶査定されます。拒絶査定は特許庁の行政処分です。この拒絶査定に対して反論しないで放置する場合は拒絶査定が確定します。

拒絶査定を受けた特許出願人は，3 カ月以内に拒絶査定不服審判を請求することができます。拒絶査定という行政処分に対して特許庁に不服を申し立てるのが，拒絶査定不服審判です。拒絶査定不服審判では，行政の構造上，審査官の上級行政官である審判官が特許出願内容を審理します。審査での拒絶理由は誤りで，拒絶理由がなかったか，または拒絶理由が解消した場合は，特許審決となります。

審査での拒絶理由が正しいか，または拒絶理由が解消していない場合は，拒絶審決となります。拒絶審決に対しては，知的財産高等裁判所への審決取消訴訟を提起することが可能です。本書では，審決取消訴訟については割愛します。

## 4.2 発明にかかわる権利

### 4.2.1 特許を受ける権利

#### （1）特許を受けることができる者

特許法では，「産業上利用することができる発明をした者は，（中略）その発明について特許を受けることができる」と規定されています（特許法第29条第1項）。したがって，発明をした者，すなわち発明者が特許を受けることができます。つ

まり，発明者が発明を完成させると「特許を受ける権利」が発生します。「特許を受ける権利」は発明者が原始的に所有することになります。車は物として完成した時に，完成品の車としての物権が発生します。家の賃貸関係は契約によって発生します。「特許を受ける権利」は頭の中で発明が完成したときに発生します。もっぱら頭脳活動によるものです。

　共同で発明を完成させると，共同発明者全員が特許を受ける権利を有します。研究に対して単に助言・指導を与えた管理者や，指示に従って単に実験・データ整理を行った実験補助者は共同発明者とはなりえません。

　「特許を受ける権利」は占有することができます。発明者が頭の中で発明を完成させた段階で「特許を受ける権利」が発生しますが，頭の中に生まれた発明を伝達できるよう客観的に明らかにしないと，その権利の対象が明確になりません。発明を完成させた状態では，「特許を受ける権利」が無体物であるうえに，登録もされていないため，きわめて無防備な権利です。発明をしても第三者に内容を知られたら，占有状態が解除されて「特許を受ける権利」は消滅し，もはや特許を受けることができなくなります。無体物であるため，場合によっては第三者に知られたこと自体を認識できないこともあります。

　「特許を受ける権利」は移転，すなわち譲渡することができます。会社や大学に属する発明者の発明について，発明内容を文書化すると特許を受ける権利の対象である発明の内容が客観視できるようになります。その書類とともに「特許を受ける権利」を会社や大学に譲渡し，その会社や大学が特許出願人として「特許を受ける権利」を保有して特許出願することができます。特許出願をすると，はじめて「特許を受ける権利」の対象が特許庁に認定されます。

## (2) 職務発明

　会社の従業員が発明をしたときに重要な発明の種別として職務発明があります。職務発明とは，特許法上「その性質上当該使用者等の業務範囲に属し，かつ，その発明をするに至った行為がその使用者等における従業者等の現在または過去の職務に属する発明」と定義されています（特許法第35条第1項）。

　会社の従業員の発明で例えると，職務発明とは会社の業務範囲に属するものであって，その会社の従業員が発明した行為が従業員の現在または過去の職務に属する発明です。たとえば，通信会社の業務範囲が通信事業であり，その従業員の

職務が通信システムの開発の場合に，その従業員が通信装置の発明をしたとき，その通信装置の発明は職務発明となります。その従業員が自動車エンジンの発明をしても，職務発明とはなりません。自動車エンジンの開発は会社の業務範囲にないからです。また，その従業員の会社の業務範囲が通信事業であっても，その従業員の職務が社用車の運転であるときに，その従業員が通信装置の発明をしても，通信装置の発明は職務発明とはなりません。その従業員の職務は，通信装置の開発ではないからです。

職務発明といえども，発明者が発明を完成させると，発明者がその職務発明について「特許を受ける権利」を有することになります。しかし職務発明については，契約等で会社に「特許を受ける権利」を取得させることを定めた場合は，発明者が発明を完成させると同時に会社が「特許を受ける権利」を有することになります（特許法第35条第3項）。

会社が発明者から「特許を受ける権利」や「特許権」を取得したときは，発明者は会社から相当の経済上の利益を受ける権利を有します（特許法第35条第4項）。経済上の利益には金銭授与，会社での処遇，留学の機会の付与等が挙げられます。

## 4.2.2　特許権
### (1) 発明の実施

特許出願した発明が所定の特許要件を満たさないと「特許を受ける権利」は消滅します。特許要件を満たすと「特許を受ける権利」は発展して「特許権」が発生します。このとき「特許を受ける権利」の所有者である特許出願人は，「特許権」の所有者である特許権者となります。

特許法では「特許権者は，業として特許発明の実施をする権利を専有する」と規定しています（特許法第68条）。物権である車や家の所有者は，車や家を占有することができます。同様に，無体財産権である特許権を有する特許権者は，特許発明を実施することを専有することができます。ここでは「特許権者は，業として特許発明の実施をする権利を専有する」の意味を詳しく説明します。

「業として」とは，事業としての実施を意味します。個人的な実施や趣味的な実施は含みません。事業としての実施か否かで判断されます。1回限りの実施で

あっても，事業としての実施であれば「業として」に含まれます。自動車エンジンの発明について，趣味として個人で自動車エンジンを組み立てても「業として」の実施には該当しません。一方で，自動車エンジンの発明について，自動車エンジンを大量生産するだけでなく，F1レース用に1台の自動車エンジンを組み立てても「業として」の実施に該当します。

「実施」とは，物の生産等をいいます（特許法第2条第3項）。実施の概念はきわめて重要です。なぜなら，特許権の効力が及ぶか否かの判断に大きな影響を及ぼすからです。特許法では発明の種類を「物の発明」，「方法の発明」，「生産方法の発明」に分類し，それぞれの実施を規定しています。「物の発明」とは，たとえば通信装置の発明です。特別な通信を可能にする通信装置が例示できます。「方法の発明」とは，たとえば通信方法の発明です。特別な通信をする方法が例示できます。「生産方法の発明」とは，たとえば通信装置に組み込む半導体チップを生産する方法の発明が例示できます。

実施の内容については特許法第2条第3項に「物の発明」，「方法の発明」，「生産方法の発明」ごとに規定されています。

物の発明については，その物の①生産，②使用，③譲渡，④輸出，⑤輸入，⑥譲渡の申出と規定されています（特許法第2条第3項第1号）。

方法の発明については，その方法の使用と規定されています（特許法第2条第3項第2号）。

物の生産方法の発明については，①その生産方法の使用，もしくはその生産方法により生産した物の②使用，③譲渡，④輸出，⑤輸入，⑥譲渡の申出と規定されています（特許法第2条第3項第3号）。

ここで注意すべきことは，方法の発明については，その方法の使用のみが実施となっている点です。方法の発明のほうが物の発明より高級であると思われがちですが，物の発明や生産方法の発明のほうが権利範囲の広いことがわかります。

物の発明について，たとえば特別な通信機能を可能にする通信装置の特許発明について，特許権者の許可なく，その通信装置を工場で量産したり手工業的に組み立てたりして，その通信装置を製造すると，その通信装置に特許権の効力が及びます。その通信装置を購入したユーザが通信に使用しても，その通信装置に特許権の効力が及びます。完成したその通信装置を販売したり貸与したりして，有

償，無償にかかわらず譲渡するとその通信装置に特許権の効力が及びます。その通信装置を外国へ輸出したり，外国で製造した通信装置を輸入したりしても，その通信装置に特許権の効力が及びます。さらに，その通信装置を販売やリース，レンタルすることをカタログやパンフレットに掲載して勧誘しても，その通信装置に特許権の効力が及びます。

　一方，方法の発明については，その通信方法を実施する場合に特許権の効力が及びます。それでは，通信方法の発明にはどのような意味があるのでしょうか。たとえば，それぞれは特許され得ない通信装置Ａや通信装置Ｂが広く販売されていますが，通信装置Ａと通信装置Ｂを組み合わせた通信方法に特徴があって，その通信方法の発明が特許された場合を想定します。通信装置Ａや通信装置Ｂを利用して，その通信方法を使用した場合，個々の通信装置Ａや通信装置Ｂには物としての特許権の効力を及ぼすことができませんが，それらを組み合わせた通信方法には特許権の効力を及ぼすことができます。つまり，個々の通信装置Ａや通信装置Ｂが製造，販売されてもその禁止をすることができない場合であっても，個々の通信装置Ａや通信装置Ｂを組み合わせて通信を行うと，その行為を禁止することができます。この点で方法の発明の存在意義はあります。

　通信装置の生産をせずに通信方法を使用する通信事業会社にライセンスを供与する場合にも，方法の発明の存在意義はあります。通信装置の製造や販売を許可することなく，通信方法だけをライセンスすることができます。

　また，たとえ通信装置Ａや通信装置Ｂの発明に特許が付与された場合であっても，通信装置製造会社とその通信装置の納入先である通信事業会社との特別の契約によって，納入する通信装置の特許に関する責任は通信装置製造会社が負うという契約を盾に，特許権の行使を逃れようとする場合があります。この場合でも，通信を提供している通信事業会社が通信方法そのものを権利侵害していることで，責任をより明確にできるという利点もあります。このように，通信方法の特許であれば，その通信事業会社に直接，特許権を行使することが可能です。

　前述のような単純な方法の発明ではなく，物の生産方法の発明について説明します。たとえば，誘電率の高い誘電体はすでに知られていますが，その生産方法に特徴のある発明があったとします。このような誘電率の高い誘電体の生産方法の特許が成立した場合，他社がその生産方法を使用するとその生産方法にも特許

権の効力を及ぼすことができます。物の生産方法の発明については物を生産する行為だけでなく，その物の生産方法によって生産された生産物にも特許権の効力が及びます。ただし，生産物がその特許発明の生産方法によって生産されたことを証明しなければなりません。生産物自体に物としての特許が成立していないと，その物がその生産方法によって生産されたことを証明することが困難なことがあります。たとえば，特定の温度で処理することで誘電率が向上する誘電体の生産方法の発明である場合，その誘電体が特定の温度で処理されたことを証明しないと特許権の効力を及ぼすことが困難になります。一方，誘電体を特定の温度で処理する生産方法を特許出願すると，出願公開によってその生産方法が公開されてしまいます。したがって，生産方法をノウハウとしてとどめておくか，出願公開されても特許出願するかをよく考えなければなりません。

　しかし，他社が特定の温度で処理することで誘電率が向上する誘電体の生産方法の発明について特許権を取得し権利行使した場合，ノウハウにとどめていた発明について反論することが困難になることがあります。ノウハウとしてとどめておくか特許出願しておくかは，利害得失を考慮のうえ，決定することが望ましいといえます。

　また，特許法には特許発明を直接実施する「直接侵害」だけでなく，「間接侵害」についても規定されていますが，本書では割愛します。

## (2) 利用発明

　ここでは利用発明について説明します。利用発明の態様としては，①構成要素Aの先願特許発明（上位概念）に対して，構成要素Bを追加した，構成要素A＋構成要素Bの後願特許発明（下位概念），②構成要素Dの先願特許発明（上位概念）に対して，構成要素Dを具体化した構成要素dの後願特許発明（下位概念），③物の先願特許発明に対して，その物の生産方法やその物の使用方法の後願特許発明や，生産方法や方法の先願特許発明に対して，その物を生産する装置や方法に使用する装置の後願特許発明があります。

①構成要素を追加した後願の特許発明

　上記①の例としては，構成要素A（たとえば光で通信する光通信回路）を備える先願の特許発明の通信装置について，その構成要素に構成要素B（たとえば通信を暗号化する暗号回路）を付加した後願の特許発明の通信装置が挙げられます

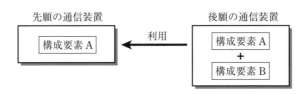

**図4.3** 利用発明の形態①

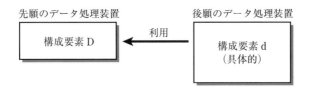

**図4.4** 利用発明の形態②

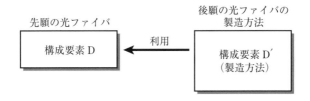

**図4.5** 利用発明の形態③

(図4.3参照)。暗号化回路で暗号化して光通信する光通信回路を備える後願の特許発明の通信装置を使用したり製造したりすると，同時に光通信回路を備える先願の特許発明の通信装置の機能を使用したり製造したりしてしまうからです。

　上記①のほかの例としては，構成要素A（たとえば無線で通信する無線通信回路）を備える先願の特許発明（上位概念）の携帯電話に対して，その構成要素に構成要素B（たとえば住所録を記憶した住所録記憶回路）を付加した後願の特許発明（下位概念）の携帯電話が挙げられます。住所録記憶回路から住所録をよび出してその住所録の番号に通信する無線通信回路を備える後願の特許発明の携帯電話を使用したり製造したりすると，同時に無線通信回路を備える先願の特許発明の携帯電話の機能を使用したり製造したりしてしまうからです。

②構成要素を具体化した後願の特許発明

　上記②の例としては，大量のデータの中から特徴を見つけ出し，特徴によって
データを分類するデータ処理装置という先願の特許発明D（上位概念）に対して，
大量データを胃カメラで撮影した胃壁の血管の量に限定した胃癌判定装置という
後願の特許発明d（下位概念）が挙げられます（図4.4参照）。つまり，特徴によっ
てデータを分類するという先願の特許発明Dであるデータ処理装置では，デー
タの種類を特定していませんでした。「胃カメラで撮影した胃壁の血管の量」に
基づいて胃癌か否かを判定できることが発見された場合に，大量データを胃カメ
ラで撮影した胃壁の血管の量に限定した「胃癌判定装置」という下位概念である
後願の特許発明dが成立します。つまり，大量データを胃壁の血管の量に限定
することは，より具体的な下位概念と考えられるからです。

　上位概念にあたる先願のデータ処理装置の特許発明Dに対して，より具体的
な大量データを胃壁の血管の量に限定した下位概念になる後願の特許発明dの
胃癌判定装置を使用すると，同時に上位概念である先願の特許発明Dを利用し
たことになってしまうからです。

　上記②のほかの例としては，音声をパケット化して通信する先願の特許発明
Dの音声パケット通信方法に対して，音声をインターネット手順（VoIP：Voice
over Internet Protocol）で通信する後願の特許発明dが挙げられます。ここで
VoIPは，音声をパケット化して通信する具体的な方法の1つです。

　上位概念である音声をパケット化して通信する先願の特許発明Dに対して，
音声をVoIPで通信する後願の特許発明dは，より具体的な下位概念と考えられ
るからです。

③物の生産方法やその物の使用方法の後願の特許発明

　上記③の例としては，特殊な構造の先願の特許発明Dの光ファイバに対して，
その特殊な構造の光ファイバを量産する後願の特許発明D′の光ファイバ生産方
法が挙げられます（図4.5参照）。特殊な構造の光ファイバの特許が成立しても，
その特殊な構造の光ファイバを量産する生産方法が新たに発明されると，別の特
許として成立します。そうすると，その特殊な構造の光ファイバを量産する後願
の特許発明D′の光ファイバ生産方法を実施することは，同時に特殊な構造の先
願の特許発明Dの光ファイバを生産することになるからです。

上記③のほかの例としては，特殊な回路を備える先願の特許発明Eの測定器に対して，その特殊な回路を備える測定器で検出することによって，光ファイバの直径を測定する後願の特許発明E'の光ファイバ直径測定方法が挙げられます。特殊な回路を備える測定器の特許が成立しても，その特殊な回路を備える測定器で検出することによって，光ファイバの直径を測定する後願の特許発明E'の光ファイバ直径測定方法が新たに発明されると，別の特許として成立します。そうすると光ファイバの直径を測定する後願の特許発明E'の光ファイバ直径測定方法を実施すると，同時に特殊な回路を備える先願の特許発明Eの測定器を使用することになるからです。

利用発明には前述したような各種の例がありますが，先願の特許発明と後願の特許発明の先後願関係が逆になる場合は，利用発明として成立しません。たとえば，構成要素Aを備える通信装置が先願の特許発明の場合，その構成要素Aに構成要素Bを付加した通信装置が後願の特許発明であるときに利用関係が生じます。逆に，構成要素Aに構成要素Bを付加した通信装置が先願の特許発明の場合，構成要素Aだけの通信装置の発明は特許として成立しません。すなわち，構成要素Aに構成要素Bを付加した通信装置には，構成要素Aだけの通信装置の概念が含まれているため，後述するように構成要素Aだけの通信装置の発明は，後願であることを理由に拒絶されるからです。

このように利用発明は，先願の存在があっても特許される可能性があります。そうすると，せっかく利用価値の高い特許を取得しても，利用発明として後願特許が成立した場合，先願の特許発明の自己の実施は制限されてしまいます。つまり基本発明の実施はできても応用発明の実施が制限されることになります。そのため基本発明を特許出願した者は，基本発明を特許出願した後に，その応用となる利用発明についても特許出願し，基本発明の価値を高める必要があります。反対に，基本発明で負けたとしても，その応用となる利用発明について特許を取得すれば，基本発明とのクロスライセンスが可能になります。これらのことから，単に基本発明をしただけでなく，その基本発明から発展させた利用発明まで発明群として特許出願することが重要であるとわかります。

### 4.2.3 補償金請求権

特許法では「特許出願人は，出願公開があった後に（中略）発明を実施した者に対し，（中略）実施に対し受けるべき金銭の額に相当する額の補償金の支払を請求することができる」と規定しています（特許法第65条第1項）。この権利を補償金請求権といいます。

特許出願の日から1年6カ月経過すると，原則として出願公開されます（特許法第64条第1項）。特許出願の内容が一般公衆に知られると，特許として成立するまでは，第三者はその発明を模倣することができるようになります。そこで，第三者に実施されたことによる特許出願人の損失を填補するために仮保護を認めました。あくまでも仮保護ですから，特許として成立しなければ権利行使することはできません。

発明が特許されるかどうかよくわからないときは，補償金請求権を行使することは躊躇されますが，将来の実施が有望な革新的発明の場合は，出願公開された段階でライセンス交渉に入ることがあります。このため，特許出願の日から1年6カ月後に自動的に公開される前に，特許出願人から出願公開の請求をすることもできます（特許法第64条の2第1項）。

| 第5章

# 特許出願を受けるための条件

## 5.1 特許要件

　特許出願した発明のすべてが特許を受けることができるわけではありません。特許を受けるために必要な条件を特許要件といいます。利用価値が非常に高いというだけでは，特許を受けることはできません。特許要件は発明の利用価値とは関係がありません。所定の特許要件を満たした発明が特許されます。特許法上の「発明」が特許されるための主な特許要件を 5.2 ～ 5.6 節で説明します。

## 5.2 新規性（特許法第 29 条第 1 項）

　特許法の目的は産業の発達を図ることです（特許法第 1 条）。創出された発明を公開することと引き換えに特許権を付与するものですから，新規でない発明が公開されても，特許権を付与する価値はありません。そのため，発明の新規性は基本的な要件です。

　世界のいずれかで公然と知られた発明，公然と実施された発明，または刊行物やインターネットを通じて利用可能な発明は特許を受けることができません（特許法第 29 条第 1 項）。つまり世界のいずれかで知られたり，実施された発明は特許を受けることができません。特許出願時点で，新規性の有無が判断されます。製品の売れ行きがよいとか，論文が学会で好評だったという発明は，製品を販売した時点や論文を発表した時点で，新規性を喪失しているからです。

　新規性の喪失の例をいくつか列挙します。

82　第Ⅱ部 特許法の基礎

①研究会で発明内容を発表した

②発明内容を本や雑誌等の刊行物に掲載した

③発明内容や発明を含む製品をホームページに掲載した

④発明内容を公開で試験した

⑤発明を含む製品を博覧会に出品した

⑥発明内容が詐欺的行為により公開された

⑦発明内容を研究組合等で第三者に話した

⑧発明内容を発注会社に説明した

⑨発明内容をインターネットで紹介した

⑩発明内容を新聞，テレビで公表した

⑪発明を含む製品を販売した

　なお，上記の行為に対しては例外措置があります。これらの行為があった日から6カ月以内に所定の手続を持って特許出願すると，新規性は喪失しなかったと見なされます（特許法第30条第1項）。ただし，後述する「先願」規定の例外ではないので，同じ発明を第三者が先に出願してしまうと「先願」の規定で拒絶されます。

　①の例外措置について注意すべき点は，論文の予稿集の配布や展示物のガイドの配布です。論文の予稿集や展示物のガイドが事前に配布される場合は，それらが配布された時点で新規性を喪失します。

　論文の予稿集や展示物のガイドの配布は，②に該当することになります。6カ月の起算日は予稿集やガイドの発行日になることに注意しなければなりません。ここで発行日は，本の奥付にある形式的な日付ではなく，実際に配布された日付です。とくに定期刊行物では，奥付の日付より実際の配布日が早いことがありますので注意が必要です。

　博士論文を国会図書館に寄贈することもあります。博士論文は国会図書館に寄贈された時点で，博士論文に含まれる発明内容は新規性を喪失します。だれかが見たかどうかは関係ありません。また，社内報であっても，秘密資料扱いでなければ刊行物に該当します。

　⑦について，守秘義務協定を結んだ相手や，秘密とすることを義務とされた相手に発明を公開しても新規性は喪失しません。たとえば，共同開発の契約書に秘

第5章 特許出願を受けるための条件　83

密遵守についての規定がある場合，共同開発の相手に発明内容を開示しても新規性は喪失したとは見なされません。ただし，共同開発の相手からの提案を含んで発明を完成すると，特許を受ける権利は共有になる点に注意が必要です。

　⑧についても同様の考え方になります。単に製品の発注会社と受注会社の関係でとくに契約がない場合，発明内容を発注会社に説明した時点で新規性を喪失します。事前に特許出願しておくことが望ましいといえます。どうしても間に合わない場合は，守秘義務協定を締結してから発明内容を説明しましょう。

　なお，米国では前述の行為に限らず，新規性を喪失してから1年以内は特許出願することができます。逆に，後述するように，発明の先後の判定に先発明主義から先願主義に移行しましたが，新規性を喪失してから1年以内に特許出願すれば，新規性を喪失してからその特許出願の間に他人の同じ発明の特許出願があっても不利益にならない規定となりました（先発表型先願主義）。この点は日本を含む諸外国との違いです。

　欧州や中国では，新規性を喪失した日から6カ月以内に特許出願しなければなりません。ただし，欧州では特定の博覧会等へ出品したときに限り例外となります。中国では中国政府や中国の学術団体が主催する会議への発表に限り例外となります。このため，欧州や中国では新規性を喪失した発明は，特許を受けることが困難と考えていいでしょう。

## 5.3　進歩性（特許法第29条第2項）

　特許法の目的は産業の発達を図ることです（特許法第1条）。新規な発明であっても，公知の発明から容易に考えることのできる発明は産業の新たな発達に寄与しないばかりか，そのような発明に特許権を付与すると特許権が乱立します。このことで，かえって産業の発達の妨げとなります。このため，発明が新規性を有するばかりでなく，進歩性を有することも特許要件としている理由です。

　世界で公然と知られた発明，公然実施された発明，または刊行物やインターネットを通じて知られた発明に基づいて容易に発明することができたとき，その発明は，特許を受けることができません（特許法第29条第2項）。つまり，世界のいずれかで知られている発明と比較して進歩性のない発明は，特許を受けることが

できません。

　明細書の従来技術の欄に公知技術として記載されている発明は，公然と知られた発明として引用されて進歩性の判断の基礎とされることがあります。このため，明細書の従来技術の欄には自分で考えた従来技術ではなく，公開された文献に記載された発明で説明することが望ましいといえます。

　新規性と進歩性は渾然一体としたところがあります。新規性は同一の発明に対する差異を主張する技術的な概念ですが，進歩性は従来の発明からの創作の困難性をいう法律的な概念です。必ずしも同じ用語，同じ文章で説明されていない2つの発明が，同一か否かを判別するのは困難です。このため，新規性違反の拒絶理由が通知されるときは，新規性違反と進歩性違反は同時に指摘されることが多いのが実状です。従来技術と明らかに同じ発明の場合は，新規性違反の拒絶理由通知がされますが，従来技術とは同じか同じではないかの判別が難しいときは，新規性違反と進歩性違反が同時に通知されます。たとえ新規性があっても，進歩性違反で拒絶するためです。

　進歩性のない発明の例を列挙します。

①飛行機用に開発されたエンジンとプロペラを船に転用した水上用船舶

　　理由：乗り物の構成要素をほかの乗り物に転用しただけで，新たな効果が生じない。

②スマートフォン用に使用されているバッテリを備えるひげそり器

　　理由：携行機器にバッテリを備えることは通常の設計事項であり，同じようなバッテリを使用することは慣用的に行われている。

③加湿器と除湿機を切り替えて使用する送風機

　　理由：同時に使用されることはなく，単に組み合わされただけで相乗効果がない。

④従来人手で集計していたアンケートを人手と同じような方法でコンピュータに集計させて，人手の集計と同じような結果を得るアンケート集計方法

　　理由：従来からのアンケート集計方法を単にコンピュータに実行させただけである。

以上のような発明は，進歩性がないとして拒絶されます。

　しかし，進歩性があるかどうかを気にしながら発明を整理すると発明を潰して

しまうことがあります。したがって，新規性がある発明か，つまり従来技術と異なる発明であれば進歩性は気にすることなく，まずは，発明を発展させることのほうがアイデアは広がります。

### コラム7　進歩性を否定された消しゴム付き鉛筆の発明

　鉛筆を使用していて，肝心なときに消しゴムが見あたらなくて困った発明者が，「鉛筆と消しゴムを一体化すれば，消しゴムをなくすことはない！」と考えました。そこで，鉛筆の頭に消しゴムを取り付けた消しゴム付き鉛筆（図5.1参照）のアイデアを考え，特許出願しました。

　しかし，出願審査では進歩性がないという理由で拒絶されました。鉛筆と消しゴムは同時に使用することはなく，消しゴム付き鉛筆で文字等を書くときは鉛筆の機能だけを利用し，文字等を消すときは消しゴムの機能だけを利用するため，相乗効果がないという判断でした。

　使う者からすれば相当便利になったと思います。しかし特許されませんでした。

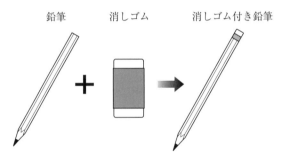

**図5.1**　消しゴム付き鉛筆の発明

## 5.4　先願（特許法第39条第1項，第2項）

　特許権は専有権であるために，同一の発明について複数の特許出願がされた場合は，1つの特許出願にのみ特許を付与するというのが先願の規定です。同一の発明か否かは特許請求の範囲に記載された発明どうしを比較します。特許請求の範囲が特許権の対象となり，同一の発明について複数の特許権が並立することを

防止するためです。

いずれの特許出願に特許を付与するかという課題に対して，2つの主義があります。1つは先願主義といって，先に特許出願した者に特許を付与する主義です（特許法第39条第1項）。もう1つは先発明主義といって，先に発明した者に特許を付与する主義です。現在，いずれの国も先願主義を採用しています。先発明主義では，いつ発明したかを証明することが困難なことから，立証の容易な先願主義が採用されています。

### 世界の先願主義

かつて世界では米国のみが先発明主義を採用していました。米国では歴史的に個人発明家の特許出願が重要であったことから，伝統的に先発明主義が採用されていました。訴訟では，どちらが先に発明したかで論争がくり広げられました。発明した日と発明内容の証明が曖昧になることが多いからです。企業にとって訴訟の負担が大きいことから，何度も議会で先願主義への移行が提案されました。

しかし，何度提案されても，毎回否決されていました。2011年9月16日にやっと先願主義に移行する法案が可決されました。ただし，日本を含む諸外国と異なり，5.2節で説明したように先に発表したものが有利になる先発表型先願主義です。先発表型とは，出願前に発明を公開すれば一定の条件で後に出願した者よりも有利になるというものです。

特許法第39条第1項の先願規定でいう同一発明とは，必ずしも特許法第29条第1項の新規性規定でいう同じ発明だけには限られません。

先願の下位概念の発明に対して，後願の上位概念の発明は同一発明とされます。下位概念の発明には上位概念が含まれていると考えられるからです。たとえば，Liイオン電池の最大容量の80％まで充電する充電装置を先願の発明とします。これに対して後願の発明は，蓄電池の最大容量の80％まで充電する充電装置の発明とします。Liイオン電池に対して蓄電池は上位概念にあたります。先願の下位概念の発明に対して後願の上位概念の発明は同一発明とされ，特許を受けることができません（図5.2 (a)）。

反対に，先願の上位概念の発明に対して，後願の下位概念の発明は同一発明とはされません。たとえば，蓄電池の最大容量の80％まで充電する充電装置を

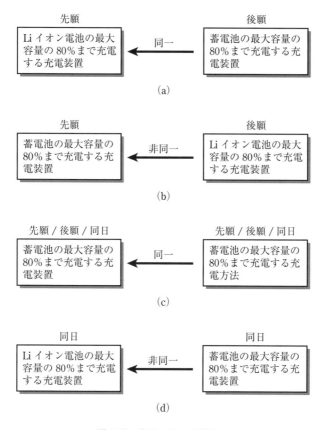

**図5.2** 発明の同一／非同一

先願の発明とします。これに対して後願の発明は，Liイオン電池の最大容量の80％まで充電する充電装置の発明とします。蓄電池に対してLiイオン電池は下位概念にあたります。先願の上位概念の発明に対して後願の下位概念の発明は同一発明とされないので，特許を受けうる可能性があります（図5.2 (b)）。

また，物（装置や回路）の発明に対して，同じ思想の方法の発明は同一発明とされます。たとえば，蓄電池の最大容量の80％まで充電する充電装置という物の発明に対して，蓄電池の最大容量の80％まで充電する充電方法という発明は同一発明とされます。この場合は，どちらか先願の発明が特許を受けうる可能性があります（図5.2 (c)）。

88 第Ⅱ部 特許法の基礎

　後願の発明が先願の発明に対して，周知・慣用技術を付加・削除・転換した発明も同一発明とされます。

　開発にもブームがあって，同じような発明が同日に特許出願されることがあります。この場合は，同日の特許出願をした特許出願人どうしの協議で1つの特許出願にのみ特許が付与されます（特許法第39条第2項）。協議が成立しない場合は双方とも拒絶されます。通常は，協議により強力な特許権となるほうを選択して，共同出願とするケースが多いようです。2つの特許出願のバランスが悪い場合は，いずれか一方の特許権者の権利範囲を制限したり，一方が他方に使用料を支払うなど私的契約で対応します。

　同一人が同じ発明について特許出願することもあります。たとえば，1つの特許出願を分割出願（6.2節参照）すると，親出願と分割出願は同日の特許出願として扱われます。この場合，親出願と分割出願に同一の発明が含まれることがあります。特許出願人は別の発明と考えていても，出願審査では同一発明とされることがあるからです。同一人による同一発明の同日特許出願に対しては，拒絶理由と協議指令が同時に発せられ，いずれかを選択することを求められます。なお，分割出願で上位概念の特許出願と下位概念の特許出願となった場合は，別発明とされます。特許法第39条第2項の同日出願の場合，上位概念の特許出願の発明と下位概念の特許出願の発明は別発明とされ，両発明とも特許を受けうる可能性があります（図5.2 (d)）。

## 5.5　拡大先願（特許法第29条の2）

　同一発明について特許出願された場合，特許請求の範囲に記載された発明については，5.4節の先願の要件（特許法第39条第1項）で後願を排除することができます。また，先願の特許明細書が出願公開されれば，新規性（特許法第29条第1項），進歩性（特許法第29条第2項）の要件で後願を排除することができます。しかし，先願の特許出願後で，その出願公開の前に特許出願され，先願の特許請求の範囲ではなく明細書にのみ記載された発明と同一の発明については，上記要件で後願を排除することができません。このような発明は，公衆には公開されていませんがすでに先願の明細書に開示されているため，特許を付与すること

第 5 章 特許出願を受けるための条件　89

は妥当ではありません。

　そこで先願の規定（特許法第39条第1項）を拡大して，先願の特許出願後で，その出願公開前に特許出願され，先願に記載された発明と同一の発明についても排除することとしました（特許法第29条の2）。これが拡大先願の規定です。

　たとえば，先願の特許請求の範囲には，上位概念として「蓄電池の最大容量の80％まで充電する充電装置」が記載され，その明細書には具体例として「Liイオン電池の最大容量の80％まで充電する充電装置」が記載されているときに，その先願の特許出願とその先願の出願公開のあいだに，特許請求の範囲に「Liイオン電池の最大容量の80％まで充電する充電装置」が記載された後願は，先願の存在のために拡大先願の規定の拒絶理由を有します。

　ただし，この規定には例外があります。先願と後願の特許出願人または発明者が同一の場合は適用されません。特許出願人または発明者が複数のときは，全員が一致することが条件です。先願と後願の特許出願人または発明者が同一の場合に拡大先願の規定が適用されないのは，特許請求の範囲に記載の発明を明細書で説明する際に，都合上，別の発明もあわせて記載することがあるからです。このような発明について，新たな特許出願をして明細書にのみ記載した発明を，別途権利化したい場合があるからです。

　たとえば，一連の発明を複数に分けて特許出願するときに，明細書には相互の発明を記載せざるをえないときがあるからです。

## 5.6　単一性（特許法第37条）

　技術的に一定の関係を有する複数の発明は1つにまとめて特許出願するほうが特許出願人にとっては特許出願の費用，手間からも有利となります。一方，どんなに多数の発明でも1つの特許出願でできるとなると，特許出願の費用の不平等，出願審査の手間からは望ましくありません。そこで，1つの特許出願に包含できる発明の範囲を単一性として規定しています。

### （1）同一の特別な技術的特徴を有する場合

　1つの特許出願の特許請求の範囲に記載された各請求項が同一の特別な技術的特徴を有する場合です。たとえば，

請求項1：Liイオン電池の最大容量の80％まで充電する充電装置

に対して，請求項1の技術的特徴を含む，

請求項2：Liイオン電池の最大容量の80％まで充電する充電装置を備えたコ
ンピュータ

は，1つの特許出願とすることができます。

## （2）対応する特別な技術的特徴を有する場合

1つの特許出願の特許請求の範囲に記載された各請求項が対応する特別な技術的特徴を有する場合です。たとえば，

請求項1：Liイオン電池の最大容量の80％まで充電する充電装置

に対して，請求項1の発明と対応する特別な技術的特徴を有する，

請求項2：上記充電装置に適したLiイオン電池

は，1つの特許出願とすることができます。

さらに，これらの発明と密接に関連する，

請求項3：Liイオン電池の最大容量の80％まで充電する充電装置と，前記充
電装置に適したLiイオン電池とを備える電源

も，1つの特許出願とすることができます。

## （3）特定の関係にある場合

1つの特許出願の特許請求の範囲に記載された各請求項が特別の関係にある場合です。たとえば，

請求項1：Liイオン電池の最大容量の80％まで充電する充電装置

に対して，請求項1の物に対する方法の，

請求項2：Liイオン電池の最大容量の80％まで充電する充電方法

は，1つの特許出願とすることができます。

これらの考え方は，1つの請求項の中で，「AまたはBを備える」という選択的記述をした場合に，Aを構成要素とする発明とBを構成要素とする発明のあいだにも適用されます。2つ以上の選択要素を「または」で1つの請求項として，発明の単一性の特許要件を回避することを防止するためです。

# 第6章

# 優先権出願と分割出願

## 6.1 優先権出願（特許法第41条第1項）

　優先権出願とは，日本国ですでに行った自己の特許出願の発明を含めて包括的な発明として優先権を主張して特許出願することをいいます。優先権出願をした場合には，その包括的な特許出願の発明のうち先に特許出願されている発明について，特許要件の基準日時を先の特許出願の日とする優先的な取り扱いを認めるものです。

　もともとは，パリ条約を利用して外国での特許出願を基礎とする優先権を伴って，日本に特許出願する際に発明の改良を追加できる制度がありました。外国に先に出願した人にだけ有利な制度であったため，日本に先に出願した人にも日本での特許出願を基礎とする優先権を伴って，日本に特許出願することを認めようとする趣旨で日本に導入された制度です。以下では，先の特許出願を優先権基礎出願，優先権を伴う特許出願を優先権主張出願として説明します（図6.1参照）。

### 6.1.1 優先権主張出願の利用例

#### (1) 上位概念抽出型

　最も多いのは下位概念の発明を先に優先権基礎出願し，その上位概念の発明を抽出して優先権主張出願するものです（図6.1 (a)）。

　医療に適用するコンピュータ関連の発明を例として説明します。複数の胃壁画像データと各胃壁画像に対応する癌の進行度を関連づけて記憶し，入力された胃壁画像から，記憶された複数の胃壁画像の相関度を検出して，胃壁画像に対応す

る癌の進行度を判定する発明を特許出願したとします。この発明が胃癌だけではなく，消化管全般に拡張できることがわかった場合，胃壁画像に代えてその上位概念である消化管壁画像に置き換えた発明を追加して優先権主張出願するものです。消化管壁画像から癌の進行度を判定する発明は，胃壁画像から癌の進行度を判定する発明の上位概念であり，上位概念である消化管壁画像から癌の進行度を

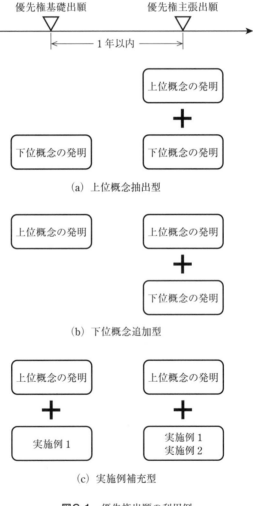

図6.1 優先権出願の利用例

判定する発明もあわせて，漏れのない特許出願とするものです。

この場合，上位概念である消化管壁画像から癌の進行度を判定する発明については，胃壁画像から癌の進行度を判定する発明の優先権基礎出願の日に遡って特許出願したと見なされる優位性があります。下位概念の発明の優先権基礎出願時には，下位概念に内包された上位概念の発明も同時に開示されていると見なされるからです。

下位概念の複数の発明の特許出願をまとめて，その上位概念の発明を追加して優先権主張出願することもできます。たとえば，胃壁画像から癌の進行度を判定する発明を最初に特許出願し，次に大腸壁画像から癌の進行度を判定する発明を特許出願し，これらの優先権基礎出願に基づいて，これらの発明の上位概念である消化管壁画像から癌の進行度を判定する発明を追加して優先権主張出願することもできます。

優先権主張出願した発明の中で胃壁画像から癌の進行度を判定する発明については，最初に特許出願した日に遡って特許出願したと見なされます。大腸壁画像から癌の進行度を判定する発明については，次の特許出願した日に遡って特許出願したと見なされます。上位概念である消化管壁画像から癌の進行度を判定する発明については，最初の特許出願の日に遡って特許出願したと見なされる優位性があります。下位概念の発明の特許出願時には，下位概念に内包された上位概念の発明も同時に開示されていると見なされるからです。

すなわち，新規性・進歩性・先願性があるか否かの判断の基準日が遡って適用されます。優先権基礎出願の日と優先権主張出願した日とのあいだに，消化管壁画像から癌の進行度を判定する発明が他人によって雑誌に発表されたり特許出願されたりしても，新規性・進歩性が否定されたり，他人の後願とされることはありません。

## (2) 下位概念追加型

下位概念追加型は，上位概念抽出型とは反対に上位概念の発明を先に優先権基礎出願し，その下位概念の発明を追加して優先権主張出願するものです（図6.1(b)）。

この場合は，下位概念の発明については優先権の効果は生じません。上位概念の発明の特許出願時には，下位概念の発明は開示されていないからです。たとえば，上位概念である消化管壁画像から癌の進行度を判定する発明を最初に優先権

94　第Ⅱ部　特許法の基礎

基礎出願し，次にこの特許出願に基づいて，下位概念である胃壁画像から癌の進行度を判定する発明を優先権主張出願しても，下位概念である胃壁画像から癌の進行度を判定する発明については，優先権基礎出願した後の実際の特許出願の日に特許出願したとされるだけです。

　しかし，消化管壁という上位概念だけでなく，胃壁という具体的な内容で発明を固めるため，より実証性が高まります。また，上位概念の発明だけでなく，実用的な発明も一体として保護されるというメリットが得られます。

### （3）実施例補充型

　実施例補充型は，その他の利用例として実施例を記載した先の優先権基礎出願をした後，実証実験を行い，その実証結果として実施例を補充して優先権主張出願するものです（図6.1（c））。

　たとえば，消化管壁画像から癌の進行度を判定する発明について，実施例に胃壁画像から癌の進行度を判定する発明を記載して特許出願した後，実証実験で大腸壁画像から癌の進行度を判定する発明も有用であることが確認されたときに，優先権主張出願を行い，その実証結果を実施例として追加することができます。胃壁だけでなく，大腸壁に適用できることを実証で確かめると実用性が高まります。

　実証例の補充によって，発明の実証性が高まります。また，具体的な下位概念の発明について権利化が可能になります。胃壁画像から癌の進行度を判定する発明については，最初の優先権主張出願の日に特許出願したと見なされますが，大腸壁画像から癌の進行度を判定する発明については，優先権主張出願の日に特許出願されたことになります。

### 6.1.2　優先権主張出願の要件

　先の特許出願に基づいて優先権主張出願できる要件が特許法で規定されています。その主要な要件について説明します。

### （1）特許出願人

　まず，優先権基礎出願の特許出願人と優先権主張出願の特許出願人が同一であることです。自己の特許出願についての発明を補強するのが優先権主張出願の目的ですから，特許出願人の同一性が要求されるのは当然といえるでしょう。特許出願人が複数の場合は，全員の同一性が要求されます。

第6章 優先権出願と分割出願 95

## (2) 優先権主張出願の時期

次に，優先権主張出願できるのは，優先権基礎出願の日から1年以内です。この優先権主張出願制度が導入されたのは，外国の特許出願に基づいて日本国内で優先権主張出願することのできる制度（パリ条約による優先権制度）が導入された後です。パリ条約による優先権制度では，外国の特許出願に基づいて日本国内で1年以内に優先権主張出願することができます。パリ条約による優先権制度の1年の期間と合わせたからです。複数の特許出願に基づいて優先権主張出願する場合にも，最先の特許出願から1年以内となります。

## (3) その他の要件

さらに，先の特許出願が分割出願でないことが必要です。分割出願については6.2節で説明します。

先の特許出願が拒絶査定や特許査定が確定していないことも要件の1つです。拒絶査定が確定していないことを要件としたのは，権利の獲得ができなくなった発明が優先権主張出願によって復活してしまうからです。特許査定が確定していないことを要件としたのは，すでに権利が獲得されている発明に重複して権利を付与する必要はないからです。

### 6.1.3　優先権主張出願の効果

前述したように優先権主張出願すると，前述した新規性・進歩性・先願性等の判断は，その発明を開示した特許出願をした時または日で判断されます。

優先権主張出願すると，優先権基礎出願は消滅します。権利範囲の重複した特許出願が存在することを避けるためです。正確には，それぞれの特許出願の日から1年3カ月後に取り下げたと見なされます。

## 6.2　分割出願

分割出願とは，日本国にすでに行った特許出願に含まれる発明を抜き出して，別の新たな特許出願をすることをいいます。分割出願をした場合には，特許要件の基準日時は元の特許出願の日とされます（特許法第44条）。分割出願は各種の場面で利用することができます。以下に，各種の場面を説明します。

### 6.2.1 利用例
#### (1) 請求範囲単一性違反対応型

特許出願の特許請求の範囲は，複数の請求項で記載することができます。ただし，特許出願の特許請求の範囲に複数の発明が含まれている場合には，単一性違反で拒絶理由通知がされます。特許出願の単一性違反で拒絶理由通知がされるときには，原則として最初の発明（発明 A）とその発明に関連する発明以外は出

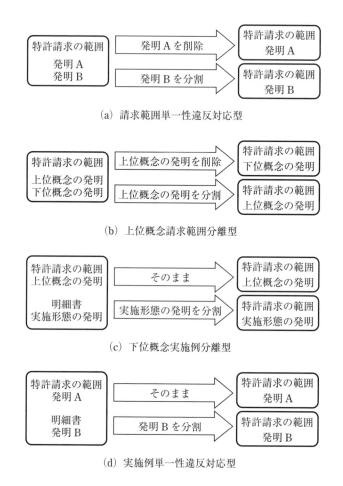

図6.2　分割出願の利用例

願審査されません。特許請求の範囲に記載の出願審査されなかった発明（発明B）を権利化したいときは，分割出願で対応します（図6.2（a））。

社内ネットワークや家庭内のネットワークでは，通常，それぞれのパソコンに固有のネットワーク番号が割り振られます。ここでは，それぞれのパソコンを通信装置として利用する場合を例にとります。①割り振られたネットワーク番号を利用した秘話回路を付加した通信装置と，②そのネットワーク番号を利用した起動回路を付加した通信装置を，同じ特許請求の範囲に①，②の順で記載して1つの特許出願したところ，単一性違反（5.6節参照）を理由とする拒絶理由が通知されます。

単一性違反を理由とする拒絶理由が通知されるときは，一方の発明（通常は最初に記載した発明A）が出願審査され，他方の発明（通常は後に記載した発明B）は出願審査されません。このままでは他方の発明は審査されることなく，したがって特許されることもありません。そこで，出願審査されなかった発明を分割出願します。

## (2) 上位概念請求範囲分離型

特許出願の特許請求の範囲に記載の発明のうち，下位概念の発明は拒絶理由がなく，その上位概念の発明は拒絶理由があると通知されることがあります。具体的発明である下位概念の発明は進歩性が肯定されても，上位概念の発明は進歩性が否定されやすいからです。この場合，まずもとの特許出願から上位概念の発明を削除して，下位概念の発明について特許化を図り，削除した上位概念の発明について分割出願をします（図6.2（b））。分割した上位概念の発明について，別途進歩性を争うことができます。

たとえば，割り振られたネットワーク番号を利用してルーティングするルーティング回路を備える通信装置およびその下位概念の発明として，ルーティング回路に加えて，そのネットワーク番号を利用した秘話回路を付加した通信装置を特許出願したとします。上位概念の発明である割り振られたネットワーク番号を利用してルーティングするルーティング回路を備える通信装置が，すでに出願されていた固定のネットワーク番号を利用してルーティングするルーティング回路を備える通信装置の存在を理由に進歩性が否定され，下位概念の発明であるネットワーク番号を利用した秘話回路を付加した通信装置を拒絶理由がないとされた

ときに，拒絶理由がないとされたネットワーク番号を利用した秘話回路を付加した通信装置について先に特許化を図ることが有利となります。

このような場合に，進歩性を否定された，割り振られたネットワーク番号を利用してルーティングするルーティング回路を備える上位概念の通信装置の発明を削除し，拒絶理由がないとされたネットワーク番号を利用した秘話回路を付加した下位概念の通信装置を残すと，下位概念の通信装置は特許されます。

一方，進歩性を否定された，割り振られたネットワーク番号を利用してルーティングするルーティング回路を備える上位概念の通信装置の発明を削除したままでは，特許化を図ることができません。

そこで，割り振られたネットワーク番号を利用してルーティングするルーティング回路を備える上位概念の通信装置の発明を分割出願し，改めて，進歩性を争うことができます。

### （3）下位概念実施例分離型

明細書の実施形態にのみ記載された発明について権利化したいときも，分割出願することができます。特許請求の範囲に記載された上位概念の発明に対して具体的な実施例が明細書に記載されているときに，特許請求の範囲に記載された上位概念の発明に拒絶理由が通知される場合には，分割出願が有効となる場合があります。また，拒絶査定され出願審査が長期化しそうな場合があっても，下位概念である具体的な実施例は特許される可能性がある場合には，その実施例の発明を分割出願して権利化することが得策です（図6.2（c））。

たとえば，割り振られたネットワーク番号を利用してルーティングするルーティング回路を備える通信装置を特許請求の範囲に記載し，明細書の実施形態には下位概念の発明として，ルーティング回路に加えて，そのネットワーク番号を利用した秘話回路を付加した通信装置も記載したとします。

割り振られたネットワーク番号を利用してルーティングするルーティング回路を備える通信装置の発明に対して拒絶理由通知がされた場合，審査が長期化するおそれがあります。この場合，下位概念の発明を特許請求の範囲に記載して分割出願すると，上位概念の通信装置が審査中であっても，先に下位概念の通信装置の特許化を図ることができる場合があります。

進歩性を否定された上位概念の発明は，分割出願とは別に進歩性を争うことが

第6章 優先権出願と分割出願　99

できます。

### (4) 実施例単一性違反対応型

　特許請求の範囲に記載の発明 A を説明する際に明細書の実施形態にのみ記載した発明 B を権利化したいときに，発明 B が発明 A とは単一性の要件を満たさない場合，その発明 B を分割出願して権利化することもできます（図 6.2 (d)）。

　たとえば，割り振られたネットワーク番号を利用した秘話回路を付加した通信装置を特許請求の範囲に記載し，明細書にはその通信装置の実施形態を記載すると同時に，割り振られたネットワーク番号を利用した起動回路を付加した通信装置の実施形態も記載して特許出願したとします。

　割り振られたネットワーク番号を利用した秘話回路を付加した通信装置ばかりでなく，割り振られたネットワーク番号を利用した起動回路を付加した通信装置についても特許化する必要が生じた場合，2 つの発明には単一性がないため，1 つの特許出願では 2 つの発明を特許化できません。

　そこで，割り振られたネットワーク番号を利用した起動回路を付加した通信装置を特許請求の範囲に記載して分割出願すると，別途特許化することができます。

### 6.2.2　分割出願の要件

　分割出願できる要件は特許法で規定されています。その主要な要件について説明します。

### (1) 特許出願人

　まず，元の特許出願の特許出願人と分割出願の特許出願人が同一であることです。自己の特許出願についての発明を特許化するのが分割出願の目的ですから，特許出願人の同一性が要求されるのは当然といえるでしょう。特許出願人が複数の場合は，全員の同一性が要求されます。

### (2) 分割出願の時期

　いつでも分割出願できるとすると，出願審査の妨げとなります。そこで，明細書等を補正できるときか期間内であれば分割することができます。すなわち，

- 拒絶理由通知を受ける前
- 拒絶理由通知を受けてからでも意見書を提出できる期間である 60 日以内
- 拒絶査定不服審判の請求と同時

100 第Ⅱ部 特許法の基礎

- •「最初の査定」となる特許査定から 30 日以内
- •「最初の拒絶査定」から 3 カ月以内

であれば分割することができます。

「最初の査定」と規定した理由は拒絶査定のあと，拒絶査定不服審判での前置審査での特許査定や出願審査に差し戻されてからの特許査定を含まないことを示すためです。「最初の拒絶査定」と規定した理由は，拒絶査定のあと，拒絶査定不服審判で出願審査に差し戻されてからの拒絶査定は含まないことを示すためです。「3 カ月」としたのは，拒絶査定に対する拒絶査定不服審判の請求期間に合わせたものです。

### (3) 分割出願の内容

当然，特許出願には 2 以上の発明が含まれていることが要件となります。

分割出願の内容は，もとの特許出願に記載されていた内容に限定されます。ただし，最初の特許査定，最初の拒絶査定では，直前明細書に記載されていた内容に限定されます。したがって，途中で削除補正を行うと，削除した内容は最初の特許査定，最初の拒絶査定で分割出願しても復活できません。最初の拒絶査定後に復活させるには，拒絶査定不服審判を請求して同時に分割出願する必要があります。

### 6.2.3 分割出願の効果

分割出願すると，前述した新規性・進歩性・先願性等が，その発明を開示した元の特許出願をした時または日で判断されます。分割出願の内容は元の特許出願に記載されていたものですから，もとの特許出願したときと見なされるわけです。

新たに特許出願すると，元の特許出願の日と新たに特許出願した日とのあいだに，分割出願した発明と同じ発明が他人によって特許出願された場合，不利となります。

# 第7章

# 出願審査請求と出願公開

## 7.1　出願審査請求

### 7.1.1　出願審査請求の意義

　特許出願した発明が必ずしも権利化される必要がない場合があります。特許出願した後，特許出願した発明の実施の可能性がなくなったり，新たな技術が開発されて特許出願した発明とは別の方向に進むことになったり，技術革新が進み特許出願した発明が不要になったり，という理由で権利化の必要がなくなることがあります。そのため，権利化の必要な発明についてだけ出願審査請求をします（特許法第48条の2）。出願審査請求は，特許出願した発明について特許可能かどうかの出願審査を特許庁に請求する行為です（図4.1参照）。

### 7.1.2　出願審査の時期

　出願審査請求は特許出願の日から3年以内が期限となります（特許法第48条の3第1項）。特許出願と同時でもできます。特許出願の日から3年以内に出願審査請求しないと特許出願は取り下げたと見なされ，権利化できなくなります（特許法第48条の3第4項）。

　出願審査請求しないと，特許出願がまったく無駄になったかというとそうでもなく，その特許出願は特許出願の日から1年6カ月で出願公開されているので，他社の権利化を阻止するという意味では役に立っています。

102　第Ⅱ部 特許法の基礎

### 7.1.3　出願審査の請求人

　出願審査請求は，特許出願人だけでなく第三者もできます。特許出願人は自己の特許出願の権利化を目的とします。第三者にも出願審査請求を認めたのは，その特許出願の発明を実施したいと考えている第三者が，その特許出願の権利化の可否を早く知りたいと考える場合を想定したからです。たとえば，特許出願人から特許後に権利行使する旨の警告があった場合などです。

　ただし，第三者が出願審査請求をした場合は，その発明を実施したいことを特許出願人に告白するに等しいため，特許出願人は権利化に精力を傾けることになります。したがって，特許出願人から特許後に権利行使する旨の警告があった場合や特許出願人とのライセンス交渉が不調の場合を除いて，第三者が出願審査請求することは少ないと考えられます。

### 7.1.4　出願審査請求後の審査官の対応

　特許出願が出願審査請求されると，審査官の出願審査待ちとなります。審査官は専門とする技術分野ごとに配置されているため，技術分野によって出願審査待ちの期間にはばらつきがあります。

### 7.1.5　出願審査を早める手段

　事業やライセンスの進展に応じて，早期に特許化を図りたいという要望があります。また事業のグローバル化に伴い，諸外国の関連する特許出願と連携させて特許化を図りたいという要望もあります。これらの要望に応えるために，ほかの特許出願より早く出願審査を開始するよう請求できる制度があります。

#### （1）優先審査

　出願公開後に他社が特許出願にかかわる発明を実施しており，特許出願人と他社とのあいだに紛争を早期に解決する必要がある場合に，ほかの特許出願より優先的に出願審査するよう請求することができます（特許法第48条の6）。

　特許出願した発明を第三者が実施していても，特許が成立しないと特許権を行使することができません。そのため，優先審査を請求すると，審査官は優先的に出願審査を開始します。

　また，実施をしている第三者が警告を受けた場合に，その発明を含む製品を販

売していると取引に障害を生じてしまいます。警告を受けた第三者は優先審査を請求して，早く結論を得て取引を安定させようとするものです。

優先審査の申請には，他社の実施の状況と実施の影響，警告状の写し等の証明書面を添付した事情説明書を提出する必要があります。

## (2) 早期審査・早期審理

すでに発明を実施しているため早期に権利化を希望する場合などは，早期に出願審査（特許出願の出願審査の場合），審理（拒絶査定不服審判の審理の場合）を開始するよう要求することもできます。

次のいずれかの条件を満たせば，早期審査・早期審理の対象となります。

- 特許出願人またはライセンシーが実施しているか，2年以内に実施予定の特許出願（実施関連出願）
- その発明を外国出願または国際出願している特許出願（外国関連出願）
- 大学，TLO，公的研究機関の特許出願
- 中小企業または個人の特許出願
- グリーン関連（地球環境に優しい研究）の特許出願

早期審査・早期審理の申請には，先行技術との対比説明を記載した事情説明書を提出する必要があります。ただし，特許出願の際に先行技術との対比が十分になされていれば，その旨の記載で足ります。

早期審査の対象になると，出願審査待ち期間は，申請から2カ月程度です。早期審理の対象となると，申請から平均3.5カ月で審決が発送されます。

なお，早期審査を申請した特許出願であっても，拒絶査定不服審判の際には改めて早期審理の申請をする必要があります。

早期審査・早期審理制度を利用すると，早期に出願審査・審理が開始されるため，権利化を急ぐ特許出願に利用することが推奨されます。

## (3) スーパー早期審査

前述の実施予定の出願審査である実施関連出願かつその発明を外国にも特許出願している外国関連出願の場合は，スーパー早期審査の対象となります。

スーパー早期審査の申請は，早期審査とほぼ同じ事情説明書を提出する必要があります。スーパー早期審査の対象と認められると，一次審査までの待ち期間は，通常は1カ月以内となります。

拒絶理由通知に対する意見書提出期間は通常は 60 日ですが，スーパー早期審査の特許出願については 30 日となります。30 日以内に提出しないと，スーパー早期審査の対象外となります。

とくに権利化を急ぐ特許出願，たとえば，国内でも発明を実施して外国にも特許出願している場合や，外国へ特許審査ハイウェイを申請したい場合に有効です。

## (4) 特許審査ハイウェイ

パリ条約の優先権を主張して外国出願した場合，最初の特許出願をした国で特許性ありとの判断がなされた特許出願は，パリ条約の優先権を主張して特許出願をした第 2 の国では，早期審査を受けることができます。これを特許審査ハイウェイ（PPH：Patent Prosecution Highway）といいます。申請の条件は各国ごとに定められています。

現在，米国特許庁，欧州特許庁，韓国特許庁をはじめ，多くの国と PPH 協定が締結されています。日本特許庁への特許出願を基礎として，諸外国にパリ条約の優先権主張出願をしたときにこの制度を利用すると，諸外国での出願審査の迅速化が可能となります。

逆に諸外国での特許出願を基礎として，日本にパリ条約の優先権主張出願をしたときにこの制度を利用すると，日本での出願審査の迅速化が可能となります。

日本特許庁への特許出願を基礎として，諸外国にパリ条約の優先権主張出願をしたときにこの制度を利用すると，査定率が大きく向上するという実績があります。日本でよい結果が得られたときにこの制度を利用すると，出願審査の迅速化と査定率の向上という一石二鳥の効果が得られます。

ただし，最初の特許出願をした国での出願審査が終了しないと，第 2 の国に早期審査を申請することができない点に注意が必要です。

これまでの PPH 申請では，PPH の基礎となる案件が最初の出願国において出願審査の結果が得られているものに限定されていました。しかし，現状では必ずしも最初の出願国で出願審査の結果が得られるものではありませんでした。パリ条約を利用して外国出願したいずれかの出願国で特許性ありとの出願審査の結果があれば，他の出願国に PPH 申請が可能となる PPH MOTTAINAI 試行プログラムが日本等で開始されています。これは 2011 年 7 月からの 1 年間限定の試行プログラムでしたが，試行期間が延長されているのが実状です。

第 7 章 出願審査請求と出願公開　105

#### (5) 特許審査ハイウェイ（PCT-PPH）

　国際調査機関の見解書，国際予備審査機関の見解書または国際予備審査報告の最新の書類において，新規性・進歩性・産業上の利用可能性のいずれもありとされた請求項が存在する場合には，国内移行した特許出願は早期審査を受けることができます。

　PCT（Patent Cooperation Treaty）-PPH を利用すると，他の国内移行した国での出願審査に関係なく早期審査を申請することができる点は通常の PPH に比べて有利です。国際調査機関の見解書，国際予備審査機関の見解書または国際予備審査報告で有利な判定を得られた場合は，これらを利用すると有効です。

　現在，日本国特許庁，米国特許庁，欧州特許庁等がこの制度を試験的に導入しています。

　「PCT」については，10.3 節で詳述します。

## 7.2　出願公開

### 7.2.1　出願公開

　かつて日本で特許出願が急増したときに，出願審査案件が滞積して権利付与が大幅に遅れてしまうという事態が発生しました。そこで，出願審査の終わっていない特許出願をすべて公開し（図 4.1 参照），仮の権利を付与しようということになりました。これが出願公開と補償金請求権です。

#### (1) 出願公開の対象

　出願審査が完了し特許公報の発行されたものを除き，すべての特許出願が公開されます（特許法第 64 条第 1 項）。

#### (2) 出願公開の時期

　特許出願の日から 1 年 6 カ月経過すると，速やかに出願公開されます（特許法第 64 条第 1 項）。かつては印刷物で公開されていましたが，今は Web 上に公開され，だれもが閲覧できるようになっています。

#### (3) 出願公開の効果

　特許出願が出願公開されると，特許出願人に補償金請求権（特許法第 65 条第 1 項）が発生します。特許出願人による補償金請求権の発生要件は，次の通りです。

①出願公開後

②発明内容を記載した書面で警告した後

③発明を実施した者に請求

　補償金請求権は実施料相当額とされています（特許法第65条第1項）。特許化が遅れた場合に補償金請求権を行使することが有用です。ただ，出願審査を経ていない特許出願に対して付与される権利のため不安定な面もあります。すなわち，特許出願が拒絶されてしまうと，はじめから請求権が生じなかったものと見なされるので注意が必要です（特許法第65条第5項）。

　日本ではじまった出願公開制度は，特許出願が急増して出願審査案件が滞積している世界各国にそのまま採用されることになりました。今では国際出願にも同様の制度が採用され，世界の標準となっています。

　なお現在では，権利の不安定な補償金請求権を行使するよりも，多くの出願審査を早める手段を活用して，特許権を行使することが主流となっています。

# 第8章

# 拒絶理由とその対応

## 8.1 拒絶理由通知

　第Ⅱ部で説明した特許要件だけでなく，特許されるためには所定の要件をすべて満たさなければなりません。所定の要件は特許法で規定されています（特許法第49条）。特許庁の都合や審査官の主観で判断することなく，客観的事実に基づいて出願審査するように拒絶理由は法定（法律で規定）されています。

　特許出願が法定の拒絶理由に該当するとして，いきなり拒絶査定するのは特許出願人には厳しい結果となります。審査官の誤解に基づいている場合もあります。拒絶査定という行政処分の前に，特許出願がどのような規定に基づいて拒絶理由があるかを事前に通知するのが，拒絶理由通知です。拒絶理由通知は行政処分ではなく，行政処分の前の通知です。

　拒絶理由通知を受け取ると，60日以内の期間で弁明の機会が与えられます。この期間内に意見書・補正書を提出することができます。意見書とは，特許出願には拒絶理由がないことや補正の内容を説明する書類です。補正書とは，拒絶理由を回避するために特許出願の内容を修正（特許用語で「補正」という）する書類です。意見書・補正書を提出すると，審査官は再度，出願審査します。期間内に意見書・補正書を提出しないと拒絶理由が維持されますので，拒絶査定となります。

　拒絶理由を回避するために，補正書で特許出願書類を補正します。補正は特許出願した際の書類に記載の範囲内に限られます。特許出願時点の書類の記載を超えて新たな技術内容を追加できるとすると，特許出願した後に新たな技術内容をどんどん追加できることになり，先に特許出願したものを優位とする先願主義に

108　第Ⅱ部 特許法の基礎

反してしまうためです。

　なお，必ずしも補正書を提出する必要はありません。審査官の過誤や事実認定の誤りであるときは，意見書だけを提出すれば足りることもあります。

　意見書では，審査官の過誤や事実認定の誤りを指摘したり，補正書の補正が妥当であることを主張したり，補正の結果，拒絶理由が解消したことを主張したりします。特許出願人の主観的な主張ではなく，客観的な事実に基づいて論理的な反論をしなければなりません。

## 8.2　拒絶理由の種類

　拒絶理由通知書には，拒絶の理由とその根拠が記載されています。拒絶理由の中で最も多いのは，新規性違反（特許法第29条第1項），進歩性違反（特許法第29条第2項），記載違反（特許法第36条第4項，第6項）です。以下にこれらの拒絶理由の内容とその対応策を説明します。

## 8.3　新規性違反の拒絶理由とその対策

　以下の反論は意見書で主張することになります。

### 8.3.1　新規性違反の拒絶理由通知書

　拒絶理由通知書に，「この出願の下記の請求項に係る発明は，その出願前に日本国内又は外国において，頒布された下記の刊行物に記載された発明又は電気通信回線を通じて公衆に利用可能となった発明であるから，特許法第29条第1項第3号に該当し，特許を受けることができない」の旨と「下記の刊行物」として「引用文献」の一覧が記載された拒絶理由通知が来ることがあります。

　新規性違反（特許法第29条第1項）には，

- 特許出願前に世界で公然知られた発明（特許法第29条第1項第1号）
- 特許出願前に世界で公然実施された発明（特許法第29条第1項第2号）
- 特許出願前に世界で頒布された刊行物に記載された発明または電気通信回線を通じて利用可能となった発明（特許法第29条第1項第3号）

の3類型があります。いずれも，専有権である特許権が付与される発明は新規なものでなければならないとする趣旨に基づきます。

第1号は「世界のいずれかで知られた発明」で，第2号は「世界のいずれかで実施された発明」で，第3号は「世界のいずれかで頒布された刊行物に記載された発明またはインターネットに掲載された発明」です。拒絶理由として最も多いのが，審査官にとって検索の容易な第3号の「世界のいずれかで頒布された刊行物に記載された発明と同一の発明」です。引用文献に記載された発明と本願の発明は同一であるから，特許できないというものです。

いずれも「特許出願前」と規定されていますので，日にちだけでなく，時間まで考慮されます。たとえば，外国の国際会議で発表したのが日本時間の午前1時で，日本国特許庁に特許出願したのが午前10時の場合は，特許出願前に世界で公然知られた発明に該当します。

特許法第29条第1項第1号の「公然知られた」とは，守秘義務のない者に発明の内容が知られたことをいいます。社内の会議で発明内容を公開しても，公然知られたことにはなりません。また，学会への投稿だけで掲載されなければ，公然知られたことにはなりません。

特許法第29条第1項第2号の「公然実施された」とは，必ずしも発明内容が公然知られなくとも，展示された装置の内部を覗いたり，説明を聞けば発明内容を知ることができる状態で実施されたことをいいます。実際に知られた場合は1号の適用となります。

特許法第29条第1項第3号の「頒布された」とは，図書館や書店に受け入れられた状態をいいます。実際に閲覧したり，購入したとの事実にかかわりなく，見ることの可能性がある状態になれば「頒布された」とされます。「電気通信回線」とは，一般にはインターネットと考えて差し支えありません。Web上に掲載された時点で，閲覧の有無にかかわらず「利用可能」とされます。

新規性については発明が同一か否かで判断されますが，新規性違反の場合の発明同一は厳密には解釈されません。新規性の観点では，同一発明と見なし難い場合でも，次に説明する進歩性で拒絶されるからです。新規性違反の場合は，進歩性違反も同時に通知されることが多いのはこのためです。多くは，次の進歩性違反の理由もあわせて通知されます。つまり，文献に記載された発明と同一か，同

110　第Ⅱ部　特許法の基礎

一でなくとも文献に記載された発明から容易に当該発明をすることができたであろうという理由によるものです。

### 8.3.2　新規性違反の拒絶理由への対策

　新規性違反の拒絶理由通知に対しては，新規性違反への対処だけでなく，進歩性違反についてもあわせて対応する必要があります。ここでは新規性違反への対応を述べ，8.4 節で進歩性違反への対応を説明します。

　特許出願した発明の一部が文献に記載されている場合は，同じ発明とはいえません。発明の一部しかなければ，特許出願した発明の全体としての機能を発揮できず，同じ効果を得られないからです。反対に，文献に発明の一部として特許出願した発明がすべて記載されている場合は，同じ発明といえます。特許出願した発明の機能が，文献に記載の発明の一部としての機能を発揮しており，文献に記載の発明の一部としての発明の効果が得られているからです。

　新規性違反に対処するには，まず特許出願した発明を構成要素に分解し，それぞれの構成要素が文献に記載されているかどうかを判定します。すべてが記載されていると，原則として同じ発明となります。一部が記載されていない場合は進歩性の問題となります。

　すべてが記載されていても，用途発明の場合は別発明となります。用途発明とは，従来から知られている物と同じ構造であっても，用途が新規である発明です。主に，化学分野，医薬分野での概念です。たとえば，解熱剤として知られていた医薬品が，大量投与すると心筋梗塞にも有効であると見いだされた場合が該当します。この場合，解熱剤として知られていた医薬品であっても，解熱剤としての発明の効果と心筋梗塞防止薬としての発明の効果を比較して，異なると判断できる場合には別発明とされる可能性があります。

　発明の効果が異なる場合であっても，必ずしも異なる発明とはなりません。効果の認識の違いに起因することがあるからです。電気，機械のほとんどの分野では，同じ機能，同じ構成であれば同じ効果が得られます。特許出願した発明の構成要素に「高域通過回路」を有しており，引用文献に記載された発明の構成要素に「微分回路」を有している場合を例にとります。高域通過回路が信号の高域通過成分のみを通過させ，微分回路は信号の微分特性が得られると説明されていた

としても，微分回路は高域通過回路の特殊例であるため，特許出願の「高域通過回路」は引用文献の「微分回路」と同じとされることがあります。すなわち，単に効果の認識の違いであって，同じ回路を「高域通過回路」と認識するか「微分回路」と認識するかの違いと判断されます。

新規性違反で審査官の誤解の多いパターンは，引用文献に記載された発明または記載された発明の上位概念と特許出願した発明の上位概念が同じとされるものです。この場合，特許出願した発明はその上位概念ではなく，下位概念であることを説明すれば足ります。ただし，引用文献に記載された発明の上位概念に周知技術（その分野で相当広く知られている技術）を適用することで特許出願した場合は下位概念の発明に導かれるため，8.4節の進歩性違反の問題となります。

## 8.4 進歩性違反の拒絶理由とその対策

### 8.4.1 進歩性違反の拒絶理由通知書

拒絶理由通知書に「この出願の下記の請求項にかかわる発明は，その出願前に日本国内または外国において，頒布された下記の刊行物に記載された発明または電気通信回線を通じて公衆に利用可能となった発明に基いて，その出願前にその発明の属する技術の分野における通常の知識を有する者が容易に発明をすることができたものであるから，特許法第29条第2項の規定により特許を受けることができない」の旨と「下記の刊行物」としての「引用文献」の一覧が記載された拒絶理由通知が来ることがあります。「発明が属する技術の分野における通常の知識を有する者」を「当業者」といいます。

引用文献に記載された周知技術を適用して本願の発明とすることは，当業者ならば容易に成しえることであるとの意味です。当業者が容易に発明できるものについて，独占権である特許権を付与することは技術進歩の役に立たないため，そのような発明には特許権を付与しないという趣旨です。特許法第29条第2項には「特許法第29条第1項に掲げる発明に基づいて」とあることから，当業者とは，過去のすべての文献等のデータベースにある技術を知っている者を意味します。いわば，スーパーデータベースを頭脳に所有する仮想スーパー技術者です。ただし，創作能力については，通常の技術者が基準となります。

112 第Ⅱ部 特許法の基礎

ここで，その技術が周知かどうかは，その技術分野の専門家にとって実際に周知かどうかではなく，その技術が多くの文献に記載されているかどうかで判断されます。したがって，発明者が主観的に周知でないと判断しても，多くの文献に記載されている場合は周知と判断されます。逆に，発明者が主観的に周知と判断しても，必ずしも周知とは限りません。

単なる材料の選択，設計変更，寄せ集め等は，発明に特有の顕著な作用効果がない限り，当業者が容易に想到することができたと見なされます。

### 8.4.2　進歩性違反の拒絶理由への対策

進歩性違反の拒絶理由通知に対しては，本願発明にかかわる技術が引用文献に記載された技術から容易に考えることができないことを主張しなければなりません。容易に考えることができるかどうかは，課題（発明の目的や発明の効果）と手段（発明の構成）を比較して相違を判断します。課題が相違しても，手段が同じ場合があります。課題のとらえ方が違っても，手段が同じ場合は反論が難しいといえます。この点の考え方は新規性違反と同様です。

#### （1）複数の発明の組み合わせ

引用文献1に記載された発明に引用文献2に記載された発明を組み合わせて本願発明の構成とすることは，当業者が容易に想到できたことである，との進歩性違反の拒絶理由があります。

#### （2）課題の同一性の判断

まず，引用文献1と引用文献2の解決課題が同じかどうかを判断します。解決課題が異なれば，2つの発明を組み合わせることはできません。組み合わせ自体に発想の飛躍を必要とするため，進歩性がないとはいえないからです。ただ，解決課題の相違は主観的な差であったり，異なる目的でも同じ構成に達する場合もあるため，その構成が持つ潜在的な解決課題も考慮する必要があります。

#### （3）構成要素の違いの主張

課題が同じであっても，引用文献1に記載された発明に引用文献2に記載された発明を組み合わせて本願発明の構成とならないことを論理的に証明できれば反論できます。引用文献1に記載された発明をA，引用文献2に記載された発明をBとしたときに，本願発明が構成要素A＋構成要素B＋構成要素αまたは構

成要素 A ＋構成要素 B′ であることを立証します。

## （4）新たな効果の主張

　本願発明が，構成要素 A と構成要素 B に対して構成要素 α が付加された発明
（外的付加という）であることを立証する際には，構成要素 α が微小なものであっ
ても構成要素 A ＋構成要素 B では達しえない新たな効果があることを主張して
反論します。たとえば，構成要素 A がスマホによるデータ通信機構，構成要素
B が GPS による位置探索機構に対して構成要素 α がスマホの移動履歴記録機構
であるときに，構成要素 α によって構成要素 A ＋構成要素 B では達しえない，
地図上で過去の移動状況を表示できるといった新たな効果があることを主張して
反論します。

　本願発明が，構成要素 A と構成要素 B に対して，構成要素 B ではなくその下
位概念である B′（内的付加）であることを立証する際には，構成要素 B′ である
ことによって，構成要素 A ＋構成要素 B では達しえない新たな効果があること
を主張して反論します。たとえば，構成要素 A がスマホによる通話機構，構成
要素 B が GPS による位置探索機構に対して，構成要素 B′ が GPS に加えてジャ
イロで補完する位置探索機構であるときに，構成要素 B′ によって構成要素 A ＋
構成要素 B では達しえない，電波の届かないトンネル内でも位置探索ができる
といった新たな効果があることを主張して反論します。

## （5）拒絶理由のない請求項の活用

　特許請求の範囲に複数の請求項があれば，拒絶理由通知では原則としてすべて
の請求項に特許性があるか否かが判断されます。複数の請求項のうち拒絶理由の
ない請求項が明示されていれば，拒絶理由のない請求項に限定することによって
拒絶理由を回避することができます。つまり拒絶理由のある請求項を削除し，拒
絶理由のない請求項を残すことにします。

　この際，削除する請求項と残す請求項とのあいだの従属関係を整理して，残す
請求項のうちいずれかを主請求項として，新たな従属関係を構築しなおす必要が
あります。たとえば，元の特許請求の範囲に記載の請求項 1，請求項 1 に従属す
る請求項 2，請求項 1 および請求項 2 に従属する請求項 3 に対して，請求項 1 に
のみ拒絶理由があるとき，新たな特許請求の範囲では，元の請求項 1 を削除して，
元の請求項 2 を新たな請求項 1 とし，元の請求項 3 を新たな請求項 1 に従属する

新たな請求項2とします。

### (6) 実施形態の発明を請求項に記載

すでに記載しているいずれの請求項も反論が困難な場合は，実施形態に記載されている内容で請求項を限定することで，拒絶理由を回避できることがあります。請求項には構成要素 A ＋構成要素 B という発明を記載し，実施形態で構成要素 C も付加された発明を記載しているときに，構成要素 A ＋構成要素 B ＋構成要素 C という発明（外的付加）に限定します。

たとえば，構成要素 A がスマホによるデータ通信機構，構成要素 B が GPS による位置探索機構に対して，構成要素 C がスマホの移動履歴記録機構であるときに，構成要素 C で下位概念に限定する補正によって構成要素 A ＋構成要素 B では達しえない，地図上で過去の移動状況を表示できるといった新たな効果が生じることを主張して反論します。

また，請求項には構成要素 A ＋構成要素 B という発明を記載し，実施形態でBをより詳細にした構成要素 B′ で説明しているときに，請求項を構成要素 A ＋構成要素 B′ という発明（内的付加）に限定しても拒絶理由を回避できることがあります。

たとえば，構成要素 A がスマホによるデータ通信機構，構成要素 B が GPS による位置探索機構に対して構成要素 B′ が GPS に加えてジャイロで補完する位置探索機構であるときに，構成要素 B′ とする下位概念に限定する補正によって構成要素 A ＋構成要素 B では達しえない，電波の届かないトンネル内でも位置探索ができるといった新たな効果が生じることを主張して反論します。

## 8.5 記載不備の拒絶理由とその対策

記載要件違反にはいくつかの類型があります。以下に，その類型を説明します。

### 8.5.1 特許法第 36 条第 4 項第 1 号違反の拒絶理由通知書

拒絶理由通知書に「この出願は，特許請求の範囲の記載が下記の点で，特許法第 36 条第 4 項第 1 号に規定する要件を満たしていない」の旨が記載された拒絶理由通知が来ることがあります。

発明の詳細な説明だけではどのように発明を実施するか不明な場合，このような拒絶理由が通知されます。

新たな物の発明について，どのように作ることができるかが記載されていないと，このような拒絶理由が通知されます。たとえば，近接した2つの周波数の電波を分離して，それぞれ別方向に送信する周波数分離送信回路の発明について，近接した2つの周波数を分離する具体的な方法または手段が，詳細な説明の項に記載されていない場合が該当します。

### 8.5.2　特許法第36条第4項第1号違反の拒絶理由への対策

どのように発明を実施するか不明であるとの拒絶理由に対しては，特許出願時の技術常識を前提とした実験成績，あるいは可能性を示す意見書を提出して，拒絶理由を解消できることがあります。

たとえば，近接した2つの周波数の電波を分離して，それぞれ別方向に送信する周波数分離送信回路の発明について，特許出願時の技術常識を前提として，どのような技術で近接した2つの周波数の電波を分離したかの実験成績，あるいは可能性を示す意見書を提出すれば拒絶理由を解消できることがあります。

しかし，近接した2つの周波数の電波を分離する技術が特許出願時の技術常識である場合は，実験で行った近接した2つの周波数の電波を分離する技術の実験成績，あるいは可能性を示す意見書を提出しても，新規性・進歩性違反につながるおそれもあります。

逆に，このような電波を分離する技術が特許出願時の技術常識でない場合は，実験成績や可能性を記載することができないので拒絶理由は解消しません。

また，近接した2つの周波数の電波を分離して，それぞれ別方向に送信する周波数分離送信回路の発明について，特許出願時の技術常識を前提とすると実験が成立しない場合は，実験成績や可能性を記載することができないので拒絶理由は解消しません。

新たな物の発明については，特許出願時にどのように作るかを記載しておかないと，実験成績や可能性を示す意見書だけでは対抗することができないことが多くあります。

116　第Ⅱ部 特許法の基礎

### 8.5.3　特許法第 36 条第 6 項第 1 号違反の拒絶理由通知書

　拒絶理由通知書に「この特許出願は，特許請求の範囲の記載が下記の点で，特許法第 36 条第 6 項第 1 号に規定する要件を満たしていない」の旨が記載された拒絶理由通知が来ることがあります。

　請求項に記載された事項が発明の詳細な説明に記載されていないときや，請求項に記載の用語が発明の詳細な説明に記載の用語と不統一なため，両者の対応関係が不明瞭な場合には，このような拒絶理由が通知されます。

　たとえば，請求項には「秘話回路」が構成要素になっているのに，発明の詳細な説明では「暗号回路」しか記載されていない場合が該当します。

### 8.5.4　特許法第 36 条第 6 項第 1 号違反の拒絶理由への対策

　請求項に記載された事項が発明の詳細な説明に記載されていないとの拒絶理由通知に対しては，特許出願時の技術常識を前提とした実験成績書を提出して拒絶理由を解消できることがあります。たとえば，特定の成分の割合 $x = 0.3 \sim 0.8$ で有効な病理薬について，特定の成分 $x = 0.3 \sim 0.8$ のあいだは特異点がなく，発明の目的を達成する効果が得られることの実験成績を記載した意見書を提出すれば，拒絶理由を解消できることがあります。ただし，特異点があったり所望の効果を発揮しない場合は，その領域を削除する必要があります。

　しかし，特許出願時の技術常識から判断して拡張できない場合は，拒絶理由を解消することができません。一方，請求項に記載された事項を減縮できる領域があれば，たとえば，特定の成分の割合 $x = 0.3 \sim 0.8$ を $x = 0.6 \sim 0.7$ に減縮するなどして拒絶理由を解消できることがあります。

　また，詳細な説明での「暗号回路」の機能が，請求項の「秘話回路」の機能に対応することを説明できれば，拒絶理由を解消できることがあります。

　しかし，特許出願時の技術常識から対応することが説明できない場合は，拒絶理由を解消できません。一方，発明の詳細な説明での「暗号回路」でも，発明の目的を達成することができれば，請求項の「秘話回路」を「暗号回路」に置き換えることにより，拒絶理由を解消できることがあります。

　発明の詳細な説明には，特許出願時から請求項の内容をサポートするような記載を心がけておく必要があります。

### 8.5.5　特許法第36条第6項第2号違反の拒絶理由通知書

拒絶理由通知書に「この出願は，特許請求の範囲の記載が下記の点で，特許法第36条第6項第2号に規定する要件を満たしていない」の旨が記載された拒絶理由通知が来ることがあります。

請求項に記載された発明が不明確な場合に，このような拒絶理由が通知されます。たとえば，

- 「40～60重量％のTaと40～70重量％のTiからなる…」という表現のために，TaとTiの成分比が不明となっている場合
- 「…する方法または…する装置」という記載のために，物の発明か方法の発明か不明な場合
- 「…を除く」という表現のために（「角度が鋭角である場合を除く」のような択一表現ではなく，「酸化物を除く」のように除いて残った範囲が不明確な場合），発明の範囲が不明確な場合
- 「大きい」，「小さい」，「多い」，「少ない」，「～以上」，「～以下」という表現を使用しているため，範囲があいまいになったり不明確になったりする場合，従属関係が不明な場合

です。


### 8.5.6　特許法第36条第6項第2号違反の拒絶理由への対策

発明の詳細な説明に不明確な表現を明確な表現に補正できるだけの記載があれば，その記載を基に請求項の表現を補正すれば拒絶理由を解消できます。しかし，発明の詳細な説明にも請求項と同じ表現を使用していたり，それ以上に詳しい記載がない場合は，補正の根拠がないため補正することはできません。

特許出願時から，請求項は上記のようなあいまいな表現を避ける記載を心がけておく必要があります。

なお，電気分野で「…方式」や「…システム」は物の発明として扱われています。そのため，これらの発明は，物の構成要素で記載する必要があります。

118 第Ⅱ部 特許法の基礎

## 8.6 拒絶理由への対抗

　拒絶理由に示された内容が審査官の誤解に基づく場合があります。この場合は意見書によって，客観的事実に基づいてその誤りを指摘します。引用された先行技術文献の解釈が誤っている場合は，本来の解釈を説明します。また，請求項に記載された発明を誤って認定している場合もあります。この場合も，本来の解釈を説明します。たとえば，反射膜が施された反射回路の発明について，請求項に記載されている反射膜が施されたミラーは引用文献にも記載されているとの指摘に対しては，本願の請求項に記載された反射膜は赤外線のみ反射するのであれば，紫外線に対しては反射膜の機能がなく，紫外線を反射しないことによって異なる発明の効果がある旨で反論できます。

　しかし，往々にして，請求項の記載が誤解を生むような表現となっていることがありますので，請求項の記載を誤解のないような表現に補正することも必要です。たとえば，「撥水性がある反射膜が裏面に施されたガラス板」という記載に対して，「撥水性のある反射膜」ではなく，「撥水性のある」は「ガラス板」に係る場合は，「撥水性があり，反射膜が裏面に施されたガラス板」と補正すべきです。

　さらに，引用された先行技術文献と請求項に記載された発明の対比が誤っていることもあります。この場合は，対比の誤りを指摘します。

　審査官の拒絶理由が妥当であると判断した場合は，補正書で対抗します。拒絶理由に対抗できないと判断してそのまま放置すると拒絶査定になります。そこで，次の対策を講じることが有効になります。

### （1）請求項の削除

　拒絶理由の有無は請求項ごとに通知されます。拒絶理由のある請求項については拒絶理由に対抗できなくても，拒絶理由のない請求項に記載の発明でも特許化する価値があると判断したときは，拒絶理由のある請求項を削除することによって拒絶理由のない請求項を特許化できます。

　たとえば，請求項1に拒絶理由があり請求項2に拒絶理由がない場合は，請求項1を削除し，請求項2を新たな請求項1と補正します。

### （2）請求項の記載の明確化

誤解を生むような表現となっている請求項の記載を，誤解のないような表現に補正することによって，拒絶理由を解消できることがあります。

### （3）実施形態からのクレームアップ

現在の請求項はいずれも拒絶理由に対抗できないと判断したとき，実施形態にのみ記載した発明をクレームアップする（請求項として記載する）ことによって，クレームアップした発明を特許化できる可能性があります。

クレームアップは，前述したように請求項に記載していなかった発明特定事項を追加（外的付加）する方法と，すでに記載している請求項の発明特定事項を限定（内的付加）する方法があります。いずれも下位概念へと限定する方法です。

## 8.7 補正の制限

拒絶理由通知に対する補正は強力な対抗手段ですが，補正には一定の制限があります。補正は出願審査の段階に応じて制限が厳しくなります。

拒絶理由通知には，出願審査の段階に応じて最初の拒絶理由通知と最後の拒絶理由通知があります。

最初の拒絶理由通知とは，原則として初めて指摘する拒絶理由を通知するものをいいます。ただし，最初の拒絶理由通知に対して補正がなされなかった請求項に対して初めて通知する拒絶理由を含む場合も，最初の拒絶理由通知といいます。

最初の拒絶理由通知が2度送付されることもあります。1度目の最初の拒絶理由通知では，請求項1に進歩性違反の拒絶理由が通知され，その拒絶理由を解消する補正を行った後，なお請求項2に新たに進歩性違反の拒絶理由が通知されるときは2度目の最初の拒絶理由通知となります。

最後の拒絶理由通知とは，すでに通知した拒絶理由に対する補正により，新たに生じた拒絶理由のみを通知するものをいいます。たとえば，最初の拒絶理由通知では請求項1に対して進歩性違反の拒絶理由が通知され，その拒絶理由を解消する補正を行った後，なお請求項1に新たな先行技術で進歩性違反が発見されたときは最後の拒絶理由通知となります。

両者を区別するのは，後述するように最初の拒絶理由通知と最後の拒絶理由通

知では補正の内容の制限が異なるからです。

　最後の拒絶理由通知で拒絶理由が解消されないと拒絶査定となります。最初の拒絶理由通知であっても，意見書も補正書も提出しないときや，補正することなく意見書だけを提出して拒絶理由が解消しないときや，補正してもなお通知された拒絶理由が解消しないときも拒絶査定となります。

### 8.7.1　補正の時期的制限

　補正は特許出願の処分がされる前は原則いつでもできます。しかし，出願審査の途中でもいつでも補正できるとすると出願審査の妨げになります。そのため，最初の拒絶理由通知がされると拒絶理由通知で指定された期間（通常は拒絶理由の通知された日から 60 日），または拒絶査定不服審判を請求した場合は拒絶査定不服審判の請求と同時に限定されます（特許法第 17 条の 2 第 1 項）。

### 8.7.2　最初の拒絶理由通知に対する補正の内容の制限

　最初の拒絶理由通知に対する補正では，

①特許出願当初の明細書，特許請求の範囲，図面に記載した事項の範囲内において行わなければならない（特許法第 17 条の 2 第 3 項：新規事項追加の禁止）

②特許請求の範囲は，補正前後の発明で単一性の要件が満たされなければならない（特許法第 17 条の 2 第 4 項：シフト補正の禁止）

の 2 つの制限があります。

　特許出願当初の明細書等の範囲内としたのは，特許出願後に新たな技術的事項を導入すると，先願主義に反して，後願にもかかわらず先願より有利になってしまうからです。詳細な説明にのみ記載した技術事項を新たな請求項として記載することもできますし，もともとの請求項に追加することもできます。また，発明の詳細な説明の技術事項を補正することもできます。

　たとえば，請求項には上位概念の発明が記載され，発明の詳細な説明には下位概念の発明が記載されているときに，請求項を上位概念から下位概念の発明に補正することは許容されます。しかし，発明の詳細な説明に記載されていない他の下位概念に補正することは許容されません。下位概念への補正とは，発明の構成要素を追加（外的付加）したり，構成要素を限定（内的付加）したりすることです。

また，請求項に下位概念の発明が記載されているときに，請求項を下位概念から上位概念の発明に補正することは一般的には許容されます。しかし，詳細な説明に記載されていない他の下位概念を含んでしまうことになるような上位概念への補正は許容されません。許容されない補正は新たな拒絶理由（特許法第17条の2第3項違反）となります。

数値範囲を限定したり，一部の事項を除外したりする補正は，新たな技術事項を導入するものでなければ許容されます。特定の成分の割合 $x = 0.3 \sim 0.8$ で有効な病理薬について，特定の成分の割合 $x = 0.3 \sim 0.8$ を $x = 0.3 \sim 0.5$ に限定する補正は許容されます。これは，先行技術で $x = 0.5 \sim 0.8$ の範囲の記述が発見されたときの対応として有効です。

ただし，図面にのみ記載した事項を請求項や発明の詳細な説明に追加するときは，図面の技術的内容がその意味であることが明らかである必要があります。

一般に，図面に記載されていないからといって，記載されていない内容で限定することはできません。たとえば，構造物の図面に支柱が記載されていないとき，構造物が機構上，浮いているのか支柱を省略しているのかが不明な場合は，どちらかに限定する機構とすることはできません。また，機能を箱で囲んだだけでそれぞれの関係が不明な図面から，それぞれの機能の関係を追加説明することはできません。構成要素と構成要素を矢印で結んだだけでは，構成物どうしがどのような関係なのかは不明だからです。

このように，図面に頼って補正することはきわめて危険です。特許出願当初から図面がなくても，特許請求の範囲や明細書の内容が文章だけで理解できるように記載することを心がけなければなりません。

補正前後の発明で単一性の要件が要求されるのは，それまでに行った先行技術調査や出願審査の結果を有効に活用することができず，出願審査業務の無駄となるからです。

たとえば，補正後の請求項は，特別な技術的特徴を有する請求項を上位請求項とし，その上位請求項の発明特定事項をすべて含む同一カテゴリの発明の請求項としなければなりません。この制限からはずれると出願審査対象とならず，新たな拒絶理由（特許法第17条の2第4項違反）となります。

これは，発明の単一性の要件を補正後の特許請求の範囲の発明にまで拡張する

122 第Ⅱ部 特許法の基礎

ものです。

### 8.7.3 最後の拒絶理由通知に対する補正の内容の制限

　最後の拒絶理由通知に対する補正では，最初の拒絶理由通知に対する2つの制限に加えて，

　①請求項の削除（特許法第17条の2第5項第1号）

　②特許請求の範囲の減縮（特許法第17条の2第5項第2号）

　③誤記の訂正（特許法第17条の2第5項第3号）

　④明瞭でない記載の釈明（特許法第17条の2第5項第4号）

のいずれかを目的とする補正であることの制限が新たに課せられます。

　いずれの制限も，すでに行った出願審査結果を無駄にしないためです。

　請求項を削除する補正は新たな出願審査を必要としないため許容されます。請求項の削除に伴って，引用番号を変更したり，従属形式から独立形式に変更する補正も請求項の削除をする補正の一環として認められます。

　特許請求の範囲の減縮も新たな出願審査を必要としないため許容されます。たとえば，構成要素を詳細化する補正や，引用請求項を減少させたり択一的な記載（「要素Aまたは要素Bを備える」という記載）の要素の削除は許容されます。しかし，発明の構成要素を削除したり，構成要素を簡易化したりする下位概念から上位概念への発明となる補正や，引用請求項を増加させたり択一的な記載（「要素Aまたは要素Bを備える」という記載）の要素の追加は許容されません。

　ただし，特許請求の範囲の減縮であっても，発明の解決課題と利用分野が同一である必要があります。これらが同一でないと新たな出願審査が必要となってしまうからです。また，特許請求の範囲の減縮をしたときに，補正後の請求項に記載の発明は新規性等の特許要件を充足するものでなければなりません。無駄な出願審査がくり返し行われることを回避するためです。

　誤記の訂正も新たな出願審査を必要としないため許容されます。たとえば，誤字脱字であって，本来の意味が明らかな誤りを正すような補正は許容されます。

　明瞭でない記載の釈明も新たな出願審査を必要としないため許容されます。たとえば，記載上の不備を明らかな記載とするような補正は許容されます。ただし，明瞭でない記載の釈明は拒絶理由に示されたものに限定されます。むやみに補正

範囲が広がることを防止するためです。

　特許査定前にこれらの制限に反すると認められると，その補正は却下されてしまいます（特許法第53条第1項）。補正が却下されると請求項や詳細な説明の記載は補正前の状態に戻ってしまいます。すなわち，拒絶理由がそのまま残ってしまうことになり，拒絶査定となってしまいます。

# 第9章

# 査 定

## 9.1 特許査定

　審査官による出願審査の結果，拒絶理由がないときや意見書・補正書により拒絶理由が解消したときは特許査定となります。特許査定も行政処分の1つです。

　特許査定となると30日以内に特許料を納付すれば，特許が登録され，特許権が発生します。特許料は1～3年までの3年分を納付しなければなりません。4年目以降は毎年，年金を支払います。

　特許権は特許出願の日から20年で満了して消滅します。

## 9.2 拒絶査定とその対応

　拒絶理由が解消しないと拒絶査定という行政処分が下ります。そのまま放置すると拒絶査定が確定して，特許出願が復活するチャンスはなくなります。拒絶理由の内容を検討して，反論が可能であれば拒絶査定不服審判を請求します。拒絶査定不服審判の請求は拒絶査定から3カ月以内に行わなければなりません。3カ月を経過すると拒絶査定不服審判を請求することができなくなります。

　拒絶査定不服審判と同時に分割出願もできます。分割出願も拒絶査定から3カ月以内に行う必要があります。

　拒絶査定までは審査官が出願審査しますが，拒絶査定不服審判では原則として審査官より上級行政官である審判官が審理します。また，出願審査では審査官一人で出願審査しますが，審判では審判官3人または5人で審理します。

拒絶査定不服審判でも，出願審査と同様に特許出願に拒絶理由があれば拒絶理由通知がされますので，この場合は，意見書・補正書で反論して特許審決に導くように対応します。拒絶査定不服審判で拒絶理由が解消しないと拒絶審決になります。

拒絶審決に対しては訴訟で対抗することができます。日本では訴訟は3審制がとられています。すなわち，地方裁判所，高等裁判所，最高裁判所で裁判が順に行われます。拒絶審決も行政処分の1つですから，当然，裁判所に行政不服を訴えることができます。しかし，拒絶査定不服審判は地方裁判所に相当するとされるため，拒絶審決に対しては地方裁判所を飛ばして，知的財産高等裁判所に審決取消訴訟を提起しなければなりません。

# 外国特許の取得と特許調査

第10章 外国出願の必要性と種類
第11章 公開情報の読み方
第12章 特許調査

# 第10章

# 外国出願の必要性と種類

## 10.1　外国出願の必要性

　日本で特許を取得しても，特許権の効力は日本国内に限定されます。つまり，特許権は日本国政府によって付与されますので，その権利の及ぶ範囲は日本国政府の領域内となります。したがって，外国でも特許権を取得するためには，その国に特許出願して特許権を取得しなければなりません。

　開発拠点が日本国内にあっても，製造拠点を外国に設置することもあります。外国で製造する製品が特許で保護されていないと，競争相手も同じような製品を製造することができます。製品を外国に輸出することもあります。外国で販売する製品が特許で保護されていないと，競争相手も同じような製品を販売することができます。製品を製造したり販売したりする国でも特許を確保しないと，せっかく長い時間と高い開発費を注いだ製品の競争力を確保できなくなります。

　製品の製造国に特許出願して競争相手の製造を禁止するか，製品の販売国に特許出願して競争相手の販売を禁止するかは製品の製造事情，販売事情によって異なります。費用に余裕があれば，製造国および販売国の両方に特許出願すると製品の保護は万全となります。しかし，費用に余裕がない場合はどちらかを選択せざるをえません。その製品がその国固有の事情で製造国が限定される場合は，その製造国に特許出願することになります。最近では，1つの製造拠点で世界各地に輸出するようになりましたから，製造拠点となる国に特許出願するほうが望ましいでしょう。1〜数カ国に特許出願すれば足ります。

　しかし，製造がその国固有の事情に制限されない場合は，製造拠点を世界の各

地に求めることができます。競争相手はその製品に含まれている発明が特許出願されていない国に製造拠点を設置すれば，容易に特許の網を逃れることができるので，この場合は販売国に特許出願することが得策です。販売市場の大きい順に優先順位を付けて特許出願します。一般的に，販売国に特許出願する場合は製造国に特許出願するよりも件数が多くなってしまいます。

標準化の対象となった製品は量産が期待されますから，拠点製造国で集中的に製造され，世界で販売されることになります。そのため，競争相手の製造拠点動向と将来の市場を見きわめて特許出願しなければなりません。

## 10.2 パリ条約による直接出願

日本に特許出願するには，日本語で書類を記載し，日本の法律に従って特許を取得することができます。外国へ特許出願するには，その国の言語で特許出願する必要があります。また，その国の法律に合致した書面を作成する必要があります。先願主義の下では，先に特許出願したものが優位となるため，これらの準備に時間を要すると外国への特許出願がその国の国内で特許出願するよりも不利となってしまいます。そこで，1883年にパリで特許等を国際的に保護するために条約が締結されました。この条約をパリ条約といいます。

パリ条約を利用すると，日本で特許出願してから1年以内（優先期間）に外国に特許出願した場合であれば，日本に特許出願した日をその外国に特許出願した日と見なされます。また，新規性や進歩性も日本に特許出願した日を基準に判断されます。これを優先権制度といいます（図10.1参照）。

また，パリ条約には内国民待遇といって，外国人であっても特許出願した国の国民と同等の扱いを受けることができるため，外国人であることの不利益はありません。

外国に出願するには，その国の法制に従って，その国の言語，書式，必要書類を揃えて出願します。その国では，その国の国民と同様の出願審査を経て，その国の国民と同等の権利を付与されます。他の国とは独立して出願審査が行われます。付与された権利についても他の国とは独立しています。これを特許独立の原則といいます。

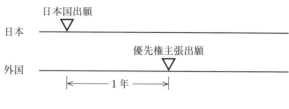

**図10.1** パリ条約による直接出願

　欧州の場合は，欧州特許庁に英語で特許出願すると欧州特許庁が出願審査をした後に，特許権が付与されます。英語以外でも指定の言語であれば出願が可能です。付与された特許権は欧州共同体特許条約に加盟している国であれば，指定した国で特許権を付与されたことになります。ただし，登録の際，何カ国かは，その国の翻訳文が必要になります。

　出願の審査では，各国の法律の規定に従って特許が付与されます。各国の法律は，各国の特許庁間の取り決めによって，ほぼ同じ特許要件が規定されています。しかし，規定の運用は，各国ごとに異なります。したがって，日本で特許されたとしても，外国で特許されるとは限りません。逆に，日本では特許されなくても，外国で特許されることがあります。特に，進歩性の判断は微妙に各国ごとに異なりますので，対応に注意が必要です。

　ここで気をつけなければならないのは，新規性を喪失した発明の扱いです。新規性を喪失した日から特許出願までの期間については，優先権は適用されません。日本では新規性を喪失した日から6カ月以内に特許出願すれば，新規性を喪失しなかったと見なされます。欧州や中国でも新規性を喪失した日から6カ月以内に欧州に特許出願しなければなりません。1年の優先期間内ではないことに注意しなければなりません。ただし，欧州や中国では新規性喪失の例外となる対象が非常に少なく，特定の博覧会しか対象になりません。新規性を喪失した発明は，実質的に欧州や中国には特許出願できないと考えてもいいでしょう。米国の場合は新規性を喪失した日から1年以内に米国に特許出願するか，新規性を喪失した日から1年以内に日本に出願し，日本での特許出願を基礎として米国に優先権出願すれば新規性を喪失した日に出願したと同等に扱われます（先発表型先願主義）。米国では，先発明主義から先願主義に移行したときに上記の規定に変更

第 10 章 外国出願の必要性と種類　131

されました。これにより，新規性を喪失した日から 6 カ月〜 1 年のあいだの発明
は，日本では特許されませんが，米国では特許される可能性が残されています。

## 10.3　特許協力条約による国際出願

　パリ条約の後，さらに外国出願の利便性を向上させるために，パリ条約の同盟
国のあいだで，特許協力条約（PCT）が締結されました。パリ条約を利用して
外国に特許出願する場合は，日本国特許庁に特許出願してから 1 年以内に翻訳文
を用意し，所定の書式の特許出願書類でその外国に特許出願しなければなりませ
ん。特許協力条約を利用すると，各国への移行手続は特許出願から 2 年 6 カ月に
延びます。2 年 6 カ月以内に発明の技術的価値判断と外国の製造状況および販売
状況の調査を完了して翻訳文を提出することができますので，パリ条約を利用す
るよりも時間的余裕が十分に得られます。PCT を利用して出願することを国際
出願といいます。

　PCT を利用して出願する場合は，国際出願した後，どの国に移行させるかを
指定して，指定した指定国に移行のための書面を提出しなければなりません。こ
の移行のための期間が最初の特許出願から 2 年 6 カ月になります。移行してから
翻訳文を提出するまでの期間は各国が規定しています。最初の特許出願とは，優
先権主張することなく国際出願した場合，その国際出願をいいます（図 10.2（a））。
日本国特許庁へ特許出願し，それを基礎として優先権を主張して国際出願をした
場合は，基礎とした日本国特許庁への特許出願をいいます（図 10.2（b））。

　つまり，最初に国際出願した場合は，その国際出願から 2 年 6 カ月以内に指
定国で移行のための書面を提出すればよいことになります（図 10.2（a））。一方，
日本国特許庁へ特許出願し，1 年以内にそれを基礎とした優先権主張をして国際
出願した場合は，日本国特許庁への特許出願から 2 年 6 カ月が起算されます（図
10.2（b））。

　国際出願をすると国際調査機関がその発明について新規性・進歩性・産業上の
利用可能性について調査します。これを国際調査といいます。日本語で国際出願
すると，日本国特許庁が国際調査機関として国際調査します。国際調査報告や国
際調査見解書の結果より，出願人はそのまま外国に移行させるか，請求の範囲を

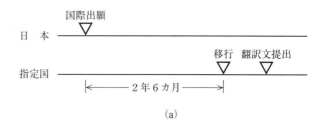

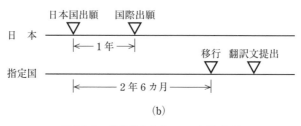

**図10.2** 特許協力条約による国際出願

補正するか，外国に移行させることなく放置するのがよいかを判断することができます。国際調査報告は，特許出願人に通知され，国際事務局によって国際的にも公開されます。これを国際公開といいます。

さらに，国際予備審査を請求することもできます。国際予備審査とは，国際調査よりも一歩進んだ審査がされます。国際予備審査機関の国際予備審査で有利な結果が得られるよう，請求の範囲だけでなく明細書や図面も補正することができます。日本語で国際出願すると，日本国特許庁が国際予備審査機関として国際予備審査をします。国際予備審査の結果は特許出願人に通知され，特許出願人が指定国の中から選択した国（選択国）にも送付されます。

指定国または選択国における出願審査では，国際調査の結果や国際予備審査の結果には拘束されません。その結果に反論できるようであれば，外国に移行してからその国の特許庁の反応を待って対応することもできます。国際調査の結果または国際予備審査の結果が良好であれば，国によっては早期審査を請求することもできます。このときは2年6カ月の期間を待つことなく，早期に各国に移行させ早期審査（PCT-PPH）を請求すれば，国際出願といえども早期権利化が可能になります。

指定国に移行した後は，各国が独自に出願審査を行います。欧州を指定することもできます。欧州を指定すると，欧州特許庁が出願審査を行います。国際出願は日本語での特許出願で外国への入り口の役割を果たします。特許出願の後は，各国の出願審査結果に基づいて各国ごとに特許権が付与されます。出願審査内容や出願審査方法はパリ条約と同様です。

パリ条約と同様に，PCT の場合でも，日本に移行させるには新規性を喪失した日から 6 カ月以内に国際出願しなければなりません。欧州に移行させるには新規性を喪失した日から 6 カ月以内に国際出願しなければなりません。欧州に移行した後は，パリ条約で出願したと同様の手続を行います。米国に移行させるには新規性を喪失した日から 1 年以内に国際出願しなければなりません。

ここで，中国の翻訳文の問題に触れます。欧州や米国に特許出願する場合は英語に翻訳するため，通常の技術者であれば翻訳文が正しいかどうかを確認することができます。しかし，中国の場合は中国語を読むことができる技術者が少なく，中国語の翻訳文が正しいかどうかの確認が困難です。しかも，中国語の翻訳を確認できる機会が少ないことから翻訳の質にも問題が生じています。中国語での翻訳文に誤訳があった場合，パリ条約を利用した特許出願では誤訳訂正が困難です。実務上は，国際出願から移行した場合，日本語の国際出願に基づいた誤訳訂正が可能です。中国に特許出願する場合は，国際出願から中国に移行させたほうが誤訳に基づく拒絶への対応が容易になります。

翻訳文の提出期間の長さや誤訳の問題から，最近ではパリ条約を利用して外国特許出願するよりも，国際出願して外国に移行させることがお勧めです。

# 第11章

# 公開情報の読み方

## 11.1 公開情報と種類

　特許出願した発明の内容が公開されるのは，主に公開特許公報と特許公報があります。

　もともと伝統的な審査主義では，すべての特許出願を出願審査し，出願審査で特許してもよい発明または特許された発明を公開していました。しかし，特許出願件数の増大により，出願審査の遅れが生じる状況が顕在化しました。出願審査の遅れにより，特許出願人が長期間にわたって第三者の模倣を傍観せざるをえない状況が続くことになりました。

　また，第三者は特許出願人がその発明について特許出願したことを知らずに，同じ発明について重複して特許出願したり，同じ発明に対して設備投資をしたりするなどの弊害も生じるようになりました。

　そこで，特許出願から1年6カ月経過すると，すべての特許出願を「公開特許公報」として出願公開するように制度化されました（4.1節参照）。出願公開により発明を公開された特許出願人には，その不利益を補償するために補償金請求権（4.2.3項参照）が認められます。出願公開制度により，第三者は重複して特許出願したり，重複して設備投資したりすることを防止できるようになりました。

　所定の特許要件を満たした特許出願は特許査定され，登録料が納付されると特許が成立します。特許された発明の内容は「特許公報」で公開されます。特許権は発明の内容を独占排他的に実施することのできる権利であるため，その内容を公示する必要があります。第三者は，特許公報によって他人の権利内容を知るこ

第11章 公開情報の読み方　**135**

とができるため，あらかじめ権利侵害を回避することができます。特許出願後，ただちに特許されると，公開特許公報が発行される前に，特許公報が発行されることがあります。

　特許協力条約（PCT）に基づいて外国語の国際出願が日本国に国内移行されると，「公表特許公報」が発行されます。また，特許協力条約に基づいて日本語の国際出願が日本国に国内移行されると，「再公表公報」が発行されます。

　いずれの公開情報も，独立行政法人「工業所有権情報・研修館」の「特許情報プラットフォーム：J-PlatPat（https://www.j-platpat.inpit.go.jp/web/doc/sitemap.html）」で検索することができます。

## 11.2　公開特許公報の内容

　公開特許公報を例に，公開される情報を説明します。公開特許公報では，書誌情報，要約，特許請求の範囲，発明の詳細な説明および図面が公開されます。それぞれの項目に含まれる情報を説明します。

### 11.2.1　書誌情報

　公開特許公報では，フロントページに書誌情報が掲載されます。場所が不足する場合は，公報の最終ページに続きが掲載されます。図 11.1 にフロントページの書誌情報部分を示します。

- 特許出願公開番号：特開 2013-58882 という西暦年と 6 桁の続き番号で表現されます。ここでは，番号が 5 桁となっていますが，最初のゼロが省略されています。
- 公開日：公開特許公報が公開された日です。この日から公知文献として，他の特許出願を排除することになります。
- 出願番号：特願 2011-195594 という西暦年と 6 桁の続き番号で表現されます。
- 出願日：願書等の特許出願書類を特許庁に提出した日です。最近ではインターネット出願が可能となりました。出願日が，この特許出願にとっての先後願や新規性の判断となる基準の日です。この日から拡大先願として他の特許出願を排除することになります。

(19) 日本国特許庁(JP)　　　(12) 公 開 特 許 公 報(A)　　　(11) 特許出願公開番号

特開2013-58882
(P2013-58882A)
(43) 公開日　平成25年3月28日(2013.3.28)

| (51) Int.Cl. | | F I | | テーマコード (参考) |
|---|---|---|---|---|
| H04L 12/701 | (2013.01) | H04L | 12/56 100Z | 5K030 |

審査請求　未請求　請求項の数 5　OL　(全 11 頁)

| (21) 出願番号 | 特願2011-195594 (P2011-195594) | (71) 出願人 | 800000068 |
|---|---|---|---|
| (22) 出願日 | 平成23年9月8日(2011.9.8) | | 学校法人東京電機大学 |
| | | | 東京都足立区千住旭町5番 |
| 特許法第30条第1項適用申請有り　平成23年8月3 | | (74) 代理人 | 100119677 |
| 0日　社団法人電子情報通信学会発行の「電子情報通信 | | | 弁理士　岡田　賢治 |
| 学会　2011年ソサイエティ大会講演論文集（DVD | | (74) 代理人 | 100115794 |
| －ROM）」に発表 | | | 弁理士　今下　勝博 |
| | | (72) 発明者 | 宮保　憲治 |
| | | | 東京都千代田区神田錦町2－2　学校法人 |
| | | | 東京電機大学内 |
| | | (72) 発明者 | 篠崎　裕介 |
| | | | 東京都千代田区神田錦町2－2　学校法人 |
| | | | 東京電機大学内 |
| | | Fターム(参考) | 5K030 GA02 LB07 LD02 MB06 MC07 |

(54)【発明の名称】通信システム

(57)【要約】
【課題】本発明は、低遅延時間の保証を行なう交換ノードを複数接続して、低遅延時間を保証して、ネットワークを効率的に利用する、通信システムを提供する。
【解決手段】本発明は、コンテンツ配信サーバ2とサービス利用端末1の間のコネクションを確立し、コネクション単位にノード内遅延時間の保証が可能な複数のノード（エッジルータ3、4及びコア中継網5）と、コンテンツ配信サーバ2とサービス利用端末1の間の許容遅延時間、複数のノードでのノード内遅延時間、及び複数のノードの間での伝搬遅延時間に基づいて、コンテンツ配信サーバ2とサービス利用端末1の間の通信経路を選択して確立させるコネクション管理サーバ6と、を備える通信システムである。
【選択図】図1

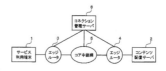

図11.1　実際の公開特許公報

第 11 章 公開情報の読み方　137

- 出願人：将来，特許されたときの特許権の権利者となります。共同出願の場合は，出願人全員が掲載されます。
- 発明者：発明した者全員が掲載されます。法人等の組織は発明者と成りえませんので，個人名だけです。

### 11.2.2　要約

「要約」は発明の内容を簡単に説明する書類です。この書類では，発明の概要が記載されています。ただし，必ずしも権利範囲と一致するとは限りません。発明の概要を概観したり，公報を検索する際の情報としての利用価値があります。

### 11.2.3　特許請求の範囲

「特許請求の範囲」は，権利範囲として請求する発明の内容を端的に記載する項目です。出願審査で所定の特許要件を満たしていると判断されれば，将来の権利範囲となります。

### 11.2.4　発明の詳細な説明

「発明の詳細な説明」では，「発明を実施するための形態」が最も重要な項目です。「発明を実施するための形態」は，発明の実現手段を具体的に記載する項目です。ここには「特許請求の範囲」に記載された発明だけでなく，実施するうえでの，工夫やオプションなどの豊富な情報が含まれています。

### 11.2.5　図面

「図面」は発明の内容を補助的に説明するものです。発明の内容を直感的に把握するには最適な書類ですが，発明の内容がすべて図面にそのまま表されているとは限りません。

## 11.3　特許公報の内容

特許公報の内容は公開特許公報とほぼ同じです。公開特許公報に含まれる情報との差を中心に説明します。

138　第Ⅲ部　外国特許の取得と特許調査

(19)日本国特許庁(JP)　　　　　　(12)特　許　公　報(B2)　　　　(11)特許番号

特許第5816960号
(P5816960)

(45)発行日　平成27年11月18日(2015.11.18)　　　　　　　(24)登録日　平成27年10月9日(2015.10.9)

(51)Int.Cl.　　　　　　　　　　　　　FI
　　HO4L　12/725　(2013.01)　　　　　HO4L　12/725

請求項の数 4　（全 11 頁）

| | | | |
|---|---|---|---|
|(21)出願番号|特願2011-195594 (P2011-195594)|(73)特許権者|800000068|
|(22)出願日|平成23年9月8日(2011.9.8)| |学校法人東京電機大学|
|(65)公開番号|特開2013-58882 (P2013-58882A)| |東京都足立区千住旭町5番|
|(43)公開日|平成25年3月28日(2013.3.28)|(74)代理人|100119677|
|審査請求日|平成26年9月2日(2014.9.2)| |弁理士　岡田　賢治|

(74)代理人　100115794
　　弁理士　今下　勝博

特許法第30条第1項適用　平成23年8月30日　社
団法人電子情報通信学会発行の「電子情報通信学会　2
011年ソサイエティ大会講演論文集（DVD-ROM
）」に発表

(72)発明者　宮保　憲治
　　東京都千代田区神田錦町2-2　学校法人
　　東京電機大学内

(出願人による申告)平成23年度、独立行政法人情報
通信研究機構、「高速通信・放送研究開発委託研究／高
機能光電子融合型パケットルータ基盤技術の研究開発」
、産業技術力強化法第19条の適用を受ける特許出願

(72)発明者　篠崎　裕介
　　東京都千代田区神田錦町2-2　学校法人
　　東京電機大学内

審査官　菊地　陽一

最終頁に続く

(54)【発明の名称】通信システム

(57)【特許請求の範囲】
【請求項1】
　送信元装置と送信先装置の間のコネクションを確立し、コネクション単位にノード内遅
延時間の保証が可能な複数のノードと、
　前記送信元装置と前記送信先装置の間の許容遅延時間、前記複数のノードでのノード内
遅延時間、及び前記複数のノードの間での伝搬遅延時間に基づいて、前記送信元装置と前
記送信先装置の間の通信経路を選択して確立させるコネクション管理サーバと、
　前記送信元装置とVPN（Virtual　Private　Network）接続回
線を介して接続され、前記送信元装置が格納しているデータを複製して格納している複製
装置と、を備え、
　前記送信元装置と前記コネクション管理サーバが選択した前記通信経路の間を接続する
リンクでの帯域使用率が閾値を超えたとき、前記送信元装置及び前記送信先装置の間の許
容遅延時間と同等な前記複製装置及び前記送信先装置の間の許容遅延時間が満たされたう
えで、前記送信元装置に代えて前記複製装置から、前記コネクション管理サーバが選択し
た前記通信経路を介して、前記送信先装置にデータが送信されることを特徴とする通信シ
ステム。
【請求項2】
　前記送信元装置及び複数の前記送信先装置の間の許容遅延時間は、それぞれ複数の前記
送信先装置から前記コネクション管理サーバに通知され、前記送信元装置及び複数の前記
送信先装置の間の許容遅延時間が満たされたうえで、前記送信元装置から複数の前記送信

図11.2　実際の特許公報

第 11 章 公開情報の読み方　139

### 11.3.1　書誌情報

特許公報では，フロントページに書誌情報が掲載されます。場所が不足する場合は，公報の最終ページに続きが掲載されます。図 11.2 にフロントページの書誌情報部分を示します。

- 特許番号：特許第 5816960 号という 7 桁の続き番号で表現されます。
- 登録日：特許が登録された日で，この日から特許権が発生していることを表しています。
- 特許権者：特許公開公報で「出願人」となっていたものが，特許されると「特許権者」となります。特許の所有者です。

### 11.3.2　要約

特許公報には要約は原則として含まれません。ただし，出願公開前に特許されると要約も公開対象となります。

### 11.3.3　特許請求の範囲，発明の詳細な説明，図面

確定した権利内容とその説明です。特許されると，その内容を修正することは訂正審判を経ないとできません。

# 第12章

# 特許調査

## 12.1 特許調査の必要性

特許調査は，さまざまな局面で行われます。代表的な特許調査の例を以下に説明します。

### 12.1.1 出願前の調査

自社で特許出願をする際に，同じような発明がすでに特許出願されていると，その存在によって特許化が阻害されます。特許出願する発明がすでに他社から特許出願されていないかを，J-PlatPat 等を使用して特許調査を行います。

対象となるのは登録された特許だけではなく，出願公開されただけの特許出願も含まれます。ただし，厳密に調査をしようとすると膨大な手間がかかりますので，簡単な調査で済ませることが多いのが現状です。

たとえば，発明者からの提案書に含まれている技術用語を中心にキーワードをピックアップし，検索対象として J-PlatPat の「特許実用新案テキスト検索」で，「検索項目」で，「請求の範囲」，「要約＋請求の範囲」または「公報全文」の中に，キーワードが含まれているかどうかを調査します。適宜，検索項目で「FI（File Index）」や「F ターム（File forming Term）」（12.2 節参照）も組み合わせて調査します。

キーワード検索等で数百件の特許出願を抽出します。抽出した数百件の「一覧表示」より，表示される発明の名称から，近いと思われる文献番号を選択します。選択した公開公報の「請求の範囲」を見ると同じ技術か否かがわかります。これ

第 12 章 特許調査　141

によって，数件にまで絞り込むことができます。絞り込んだ公開公報の内容を精
査すれば，すでに特許出願されているのか，まだ特許出願されていないのかがわ
かりますので，自社で特許出願すべきか否かの判断ができます。

### 12.1.2　外国出願前の調査

　外国に特許出願するときにも，自社の特許出願と同じような発明がすでに特許
出願されていると，その存在によって特許化が阻害されます。外国出願前の調査
も特許出願前の調査と同様です。外国出願する場合は，通常，国内の特許出願を
経て，その特許出願を基礎として外国出願することが多いかと思います。そのた
め，特許出願前の調査と異なるのは，対象となる特許出願の出願日が自己の特許
出願の出願日以前という制限を加えることになります。

　J-PlatPat の例では，「特許・実用新案テキスト検索」の「出願日」の検索項
目をさらに選択して，キーワードに出願日を入力します。たとえば，出願日が
2012 年 3 月 1 日の場合は「:20120301」（2012 年 3 月 1 日までの意味）とします。
国内へ特許出願した後に調査しますので，出願公開される特許出願も直近の特許
出願のものが多く含まれることが多いかと思います。

　また，外国出願は国内への特許出願よりも費用がかさみますので，より綿密に
調査することが望ましいといえます。具体的には，先の一覧表に表示される発明
をほぼ全件チェックします。望ましくは，外国出願する国の特許データベースで
検索すれば，より確度が高くなります。各国の特許庁は自国の特許データベース
を中心に調査することが多いからです。その技術に関してはその外国が先進的な
場合は，その国の特許データベースを利用した調査が望ましいといえます。米国
や欧州ではこれらの特許データベースが充実していますので，J-PlatPat に近い
調査が可能です。ただ，日本の特許データベースで検索しても，かなりの確度で
状況が把握できます。

### 12.1.3　他社の権利化阻止

　自社で企画中や研究開発段階にある製品について，他社がその分野で特許を取
得すると将来の新製品販売等に障害となる場合，権利化を阻止する必要がありま
す。このため，平時から他社の出願動向をウォッチングします。ウォッチングに

は，IPC（International Patent Cassification）分類や FI 分類を主に使用します。
これらの技術分類だけでは絞りきれないときは，キーワードを AND 条件で追加
します。

特定の会社に的を絞るときは，「特許・実用新案テキスト検索」の「出願人／
権利者」の検索項目を追加し，特定の会社名を入力して調査する対象の絞り込み
を行うことも考慮します。

キーワード検索する場合は，検索対象として「請求の範囲」に限定します。「請
求の範囲」に記載の発明が権利化の対象になるからです。ただし，特許になるま
では「明細書」に記載された発明であってもクレームアップが可能になるため，
重要案件については「公報全文」に拡大することも考慮する必要があります。

ある分野の特許出願公開公報をウォッチングして，ウォッチングに引っかかっ
たときは，その特許出願の審査過程を注視して登録されるかどうかを確認します。
その特許出願について出願審査請求があれば，その特許出願の出願審査に供され
るような情報，たとえば拒絶理由となる先行技術文献を特許庁に情報提供します。
また，その特許出願が登録されたら，その特許を無効にするような無効審判も検
討します。

情報提供は匿名でも記名でも可能です。匿名のままであれば，だれが提供した
かは明らかになることはありませんが，少なくともその特許出願が特許化される
と困る者がいることは知られてしまいます。したがって，情報提供をするかどう
かは慎重に判断することが必要です。競争相手がわかっているときは，情報提供
を利用することも考えます。特許が成立してからでは特許異議申立で取消たり無
効審判でしか特許を無効にできないからです。

### 12.1.4 他社の特許権無効，特許権取消

自社で製造や販売している製品の中に他社の特許発明が含まれていることが判
明したとき，自社で製造や販売している製品について他社から特許権の侵害の警
告を受けたとき，また他社から特許権を行使されたときなどに，その特許を無効
にするための特許調査をします。

特許調査はその特許を無効にできる無効理由を探します。第一段階は，その特
許の審査経過を調査します。たとえば，出願日やその特許の審査過程でどのよう

第12章 特許調査　143

な拒絶理由通知を受けて，どのような意見書・補正書を提出したかを念入りに調査します。拒絶理由ではどの技術分野を調査したか，その技術分野に漏れはないか，どのような先行技術が引用されたか，その先行技術文献を他の先行技術文献と組み合わせて無効にできないかを調査します。意見書の中で，特定の技術を権利範囲から排除していないかなどを調査します。

　法律的になりますが「包袋禁反言の原則」があります。「包袋」とは，特許出願から特許されている現在まで特許庁に提出したすべての書類のことをいいます。「包袋禁反言の原則」とは，提出した書類での主張を翻してはならないという原則です。つまり，意見書や審査官，審判官との面接で主張した事項は，前言撤回することはできないということです。出願経過の中で，意見書に技術用語の定義を述べていたり，技術解釈で技術を狭めて特許されていることがありますので権利範囲に影響するような主張をしていないか審査経過を調査します。

　このような調査で他社の特許の権利範囲を確定します。分割出願であれば，親出願についても審査経過を調査します。

　また，優先権出願であれば，基礎出願の出願日を調査します。分割出願であれば，親出願の出願日を調査します。このような調査で，基準となる出願日を確定します。

　出願日を基準に，先行技術文献を検索します。J-PlatPat などの特許データベースであれば，検索対象は特許請求の範囲に限定されません。公報全体を検索対象とします。検索方法は特許出願前調査や外国出願前調査と同様に，キーワード検索・IPC 分類・FI 分類・F ターム分類の中で該当するものを抽出します。一度の検索でできる限り絞り込み，数多くの検索式を作成して検索するほうが効率的です。

　J-PlatPat などの特許データベースだけでは足りないときは，学術文献・学会雑誌・研究会・発表会などにも拡張して調査します。電気関連の特許では，標準化会議の資料も有効です。他社の特許無効化は幅広く先行技術文献を探すことになりますので，特許調査の中でも最も手間のかかる調査です。多いときは，数千件に及ぶ先行技術文献を抽出することもあります。

　無効審判は審判の請求人が明らかになりますので，その特許出願が特許化されてだれが困っているかを特許権者に知られてしまいます。したがって，特許権者

144 第Ⅲ部 外国特許の取得と特許調査

から権利行使されない限りむやみに無効審判を請求することは避けたほうが無難
です。

特許権を取り消したい場合は，特許異議の申立をすることもできます。ただし，
申立は特許公報の発行日から6カ月以内に制限されます。特許公報をウォッチン
グしておき，自己に不都合な特許権が成立した場合に，特許異議の申立をします。
特許異議の申立にあたっての調査の手法は特許権を無効にする際の手法と同じで
す。時期的な制限にも配慮して，特許調査する必要があります。

### 12.1.5 新製品販売前の調査

自社で新製品を製造・販売するときに，その製品が他社の特許権を侵害してい
ないかを確認することが係争の未然防止となります。

新技術の場合，技術用語が固定していないため IPC ／ FI 分類検索が有効です。
ただ，12.2 節で説明するように，最新の技術については分類が不十分なときもあ
ります。このようなときは，キーワード検索で，同義語を多く含ませるように検
索することが有効です。

競争相手が明確な場合は，特許権者としての競争相手を狙い撃ちで検索するこ
とも視野に入れるべきです。たとえば，J-PlatPat では「特許・実用新案テキス
ト検索」で「出願人／権利者」の検索項目に競争相手の会社名を入力して，検索
するよう追加します。ほかのキーワードや分類と組み合わせることでヒット率を
高めることも可能です。

他社の権利を侵害することが判明した場合には，製品の仕様変更を考慮する必
要があります。しかし，製品の設計には多大な経費がつぎ込まれている以上，該
当する特許権無効化の調査も並行して進めることが得策です。

### 12.1.6 ライセンス締結前の調査

他社の保有する特許権をライセンスイン（ライセンスを受けること）するとき
に，果たしてライセンスされる特許に無効理由があるかどうかを確認することは
望ましい姿勢といえます。高価なライセンス料を支払ってライセンシー（ライセ
ンスを受ける側）となってから，その特許が将来，無効になると，製造販売戦略
にも大きな影響が出てきます。

ライセンス契約の中に，契約後に特許が無効となってもライセンス料の返還はしないというライセンサー（ライセンスを与える側）に有利な条項を入れようとすることがあります。ライセンサーとしては，経済的安定性を求めたいところです。一方，ライセンシーとしては，この条項は避けたいところです。

ライセンス契約後に特許権の無効理由を発見したときに，その特許を無効とするかどうかは検討の余地があります。その特許の存在によって，第三者の特許発明の実施を排除しているときは，ライセンサーだけでなくライセンシーにも恩恵があるため，ライセンス料と第三者排除利益との兼ね合いとなるからです。場合によっては，ライセンス料の交渉に利用できることもあります。一方，その特許について多くのライセンシーがいる場合は，第三者排除利益がありませんので，特許権の無効化に尽力することが得策です。

### 12.1.7　特許権行使前の調査

自社の保有する特許権を行使する前に，行使対象の特許権に無効理由があるかどうかの確認が必要です。特許権を行使しようとしたり，あるいは実際に行使すると，相手方はその特許権を無効にすべく特許無効審判を検討します。特許権を簡単に無効にされては，特許権の行使ができなくなるばかりでなく，今後の対外的な特許戦略にも好ましくない結果をもたらします。

たとえば，特許権を行使して相手方の製品の製造販売を中止させた後に特許権が無効にされた場合，製品の製造・販売を中止させたことによる損害賠償を請求されるおそれもあります。万が一，特許が無効にされたとしても，十分な調査を行っていれば，特許が無効になることに対して無過失であることの証明の１つになります。

自社の保有する特許権について先行技術文献がないことを証明するのは，先行技術文献があることを証明するよりもはるかに困難です。先行技術文献が見つからない場合は，どのような検索式で検索したかを残しておくことをお勧めします。特許が無効にされても，無過失であることを証明するのに役立つからです。

### 12.1.8　ライセンス供与前の調査

自社の保有する特許権を他社にライセンスアウト（ライセンスを与えること）

146 第Ⅲ部 外国特許の取得と特許調査

するときに，ライセンス対象の特許に無効理由があるかどうかを確認することは，望ましい姿勢といえます。万が一，特許が無効にされた場合，特許権が無効になることでライセンシーが損害を被ったり，ライセンス料の返還を求めてきても，無過失であることの証明の１つになります。

　このときも，先行技術文献が見つからない場合は，どのような検索式で検索したかを残しておくほうが無難です。特許が無効にされても無過失であることを証明するのに役立つからです。

## 12.2　特許調査の方法

　公開公報は「工業所有権情報・研修館」の「特許情報プラットフォーム：J-PlatPat（https://www.j-platpat.inpit.go.jp/web/doc/sitemap.html）」で公開されていますので，主に J-PlatPat の例で活用事例を説明します。本章では，公開公報の中から必要な情報を抽出する方法と，どのような情報が抽出できるかを説明します。

　特許出願は毎年 30 万件程度あります。これらが順次出願公開されると膨大な数の公開特許公報が発行され，とてもすべてを読み込むことは不可能です。そのため，公開公報群の中から目的の公開公報を抽出するために各種の手法があります。

　代表的な調査手法として，(1) キーワード検索，(2) IPC ／ FI 検索，(3) F ターム検索があります。それぞれの単独の手法で検索してもよいし，組み合わせた手法で検索することも有効です。ここでは，それぞれの調査手法を説明します。

### (1) キーワード検索

　特定の用語，たとえば「人工知能」が含まれている公開公報を抽出するときに，「人工知能」というキーワードで検索します。抽出する公開公報の「請求の範囲」にするか，「要約」とするか，「公報全文」とするか等の限定ができます。発明者が同じような用語を使用しているとヒットしますが，同じ概念で異なる用語，たとえば「AI」が使用されているとヒットしません。したがって，各種の名称をあわせて検索する必要があります。

　キーワード検索はキーワードを入力するだけで検索でき，とくに特殊な技術用語であれば効率よくヒットします。また，調査する技術分野で技術用語が確定し

**図12.1** J-PlatPat のサイトマップ画面

ていればヒット率は高くなりますが，最新の IT 用語のように技術用語が確定していないとヒット率は低くなります。また，形状・構造・使用方法のように技術用語ではなく，感性で表現されるような発明は共通のキーワードがないため，ヒット率は低くなります。

たとえば，検索対象として「請求の範囲」，「要約＋請求の範囲」または「公報全文（書誌は除く）」の中に，キーワードが含まれているかどうかを調査します。J-PlatPat の例では図 12.1 に示すように，まず「特許・実用新案テキスト検索」を選択します。キーワードの検索項目で「請求の範囲」，「要約＋請求の範囲」または「公報全文（書誌を除く）」を選択し，検索キーワードとして先にピックアップしたキーワードを記述します。複数のキーワードは論理積（AND 条件），論理和（OR 条件）を組み合わせ，必要により否定（NOT 条件）も取り入れます。適宜，FI や F ターム（後述）も組み合わせて調査します。

J-PlatPat の具体例で説明すると，図 12.2 に示すように，スマートフォンの地図上で現在位置を表示させる発明を検索するときは，「要約＋請求の範囲」に「位置表示　位置情報表示　位置指定　現在位置　マーカー表示　ポインター表示（それぞれのあいだにスペースを挿入）」で，検索方式は「OR」とします。これによって，位置表示だけでなく，同じような表現をしている場合も検索できます。同様に「要約＋請求の範囲」に「スマートフォン　スマートホン　スマホ　携帯電話　移動電話　PHS（それぞれのあいだにスペースを挿入）」で検索方式は「OR」

**図12.2** J-PlatPat のキーワード検索画面

とします。これによって，スマートフォンだけでなく，同じような技術を使用する携帯電話，移動電話，PHS も含ませることになります。「位置表示等」と「スマートフォン等」は AND で結合されていますので，スマートフォンで現在位置を表示する技術に限定されます。これにより，スマートフォンの地図上で現在位置を表示する発明を検索できます。雑音（望みの発明とは別物）が多い場合は，用語を追加したり削除したりして調整します。現在は，GPS から位置情報を取得して現在位置を表示する技術が一般的になっていますが，新しい発明では GPS から位置情報を取得することなく，現在位置を表示することを考えている場合は，これらの条件から GPS による位置情報取得技術を排除します。これには「含まない（NOT）」の結合を利用します。GPS は米国が運用している Global Positioning System の略称ですので，これに限定されないよう一般名称も含ませて，「請求の範囲」に「全地球測位システム　衛星測位システム　GPS（それぞれのあいだにスペースを挿入）」で，検索方式は「OR」として GPS による位置情報取得技術を排除します。ここで「要約＋請求の範囲」ではなく「請求の範囲」としたのは，要約の中で従来技術として「GPS」という技術用語を使用している場合があるので，「請求の範囲」に絞っています。

　上記の条件で検索してヒットする数が多い場合は，ヒット数が 1000 件以下になるよう技術用語を調整します。数百件がヒットする一覧表が表示されたら，一覧表に表示される発明の名称から，近いと思われる文献番号を選択します。選択した公開公報の「請求の範囲」を見ると，同じ技術か否かがわかります。これによって，数件にまで絞り込むことができます。絞り込んだ公開公報の内容を精査

すれば，どのような特許出願がされているのかがわかります。

　特許請求の範囲等の技術用語だけでなく，特許権者（特許公報の場合），特許出願人（公開特許公報の場合），発明者，出願日（出願日の範囲を含む），公報発行日，登録日等でも検索することができます。

　たとえば，特定の会社に限定したい場合，J-PlatPat では特許権者（特許公報の場合）か特許出願人（公開特許公報の場合）として「出願人／権利者」に特定の会社名を入力します。

### (2) 国際特許分類

　技術用語ではなく，世界共通に付与された発明の属する技術分野を表す国際特許分類（IPC：International Patent Classification）を利用して検索することもできます。

　たとえば，携帯用送信機であれば「H04B　1/034」で検索します。原則として，発明全体の属する技術分野で分類しますが，発明を構成する構成要素にも新規性・進歩性が認められると発明全体およびその構成要素に対してそれぞれの技術分野の分類が付与されます。したがって，発明の構成要素にも新規性・進歩性がありそうだと考えた場合は，発明全体だけでなく構成要素についても IPC を利用して検索すればヒット率は高くなります。たとえば，携帯用送信機を構成する PLL 回路にも特徴があれば，「H04B　1/034」だけでなく，PLL 回路の属する国際特許分類「H04L　27/152」でも検索ができます。

　IPC は生物学の分類のように枝状に分類されています。上記の例では，H は電気系を表す「セクション」，H04 は電気通信技術を表す「クラス」，H04B は伝送技術を表す「サブクラス」，H04B　1/00 は伝送方式の細部を表す「メイングループ」，その中で H04B　1/034 は携帯用送信機を表す「サブグループ」を表します。FI（File Index）分類は，IPC を基に日本国特許庁が日本国での特許出願の件数に合わせて，さらに細分化したものです。日本での特許出願件数の多い技術分野は IPC より細分化されています。

　IPC や FI での検索では，分類体系の全体像と構造を理解していないと調査漏れやヒット率の低下につながります。しかし，形状・構造・使用方法のように技術用語ではなく，感性で表現されるような発明であっても検索できるため，技術用語にくわしくなくても検索することができます。

IPC は国際的に共通するため外国特許の調査にも利用することができます。ただし，IPC は頻繁に改正されるため，いつの時点の IPC 分類かを確認する必要があります。一方 FI 分類は，改正が行われるたびに，新たな FI 分類を付与しなおすバックログ作業が行われているため，すべての年代の公報に共通する検索が可能です。

図 11.2 の特許公報では，「(51) Int.Cl.」に IPC 番号が記載されています。これらの番号が 2013 年 1 月版の IPC であることが表示されています。

図 11.2 の特許公報では，「(51) FI」とあるのが FI 番号です。IPC よりもさらに細分化した番号体系になっています。

IPC や FI でどのコードで調査するかは，J-PlatPat のパテントマップガイダンス（PMGS）で検索します。パテントマップガイダンスに，どの分類コードかを探す「キーワード検索」があります。たとえば，「グリッドコンピューティング」がどの分類に属するかは，「キーワード」に「グリッドコンピューティング」を入力します。ここで，検索対象を広げようとして「グリッド」だけを入力すると，格子の「グリッド」，電子管の「グリッド」など多くの分野で抽出されてしまいます。さらに絞り込むには，テーマコードでコンピュータ関連のクラス「G06」を入力する必要があります。

IPC，FI で「グリッドコンピューティング」を検索しても，「該当なし」とされます。「グリッドコンピューティング」は IPC で認定された技術用語ではなく一般的に使用される用語であるため，IPC や FI には掲載されていないのです。その場合は「FI ハンドブック」で検索すると抽出できます。FI ハンドブックは審査官が調査しやすいようにコードの解説まで掲載されていますので，最新の一般用語にも対応しています。

J-PlatPat の「特許・実用新案分類検索」の IPC や FI で検索すると，1 つの分類でもかなりの数の公開公報がヒットしてしまいます。また，該当するすべての技術分野の分類が付与されているとは限りませんので，IPC や FI はほかの手法と組み合わせて利用することが望ましいといえます。IPC や FI で公開公報を抽出し，その公開公報に含まれているキーワードを調査し，そのキーワードを使用して，先述の (1) キーワード検索を行う方法も有効です。

## (3) Fターム

　IPC や FI だけでは区分けが粗い分野もあるため，所定の技術分野については目的・用途・構造・材料等の技術観点で分類した F タームもあります。

　F タームのどのコードで調査するかは，J-PlatPat のパテントマップガイダンス（PMGS）で検索します。パテントマップガイダンスに，どの F タームコードかを探す「キーワード検索」があります。たとえば，携帯電話で GPS を利用した位置決定がどの分類に属するかは「検索キーワード」に「GPS」を入力します。携帯電話に関する多くのコードが表示されますので，その中から「無線による位置決定」である「5J062」を指定します。そのリストの中にある，目的として 3 次元測位である「AA01」，位置決定方式として GPS である「CC07」という異なる観点を AND で組み合わせていくと，キーワードに頼らなくても絞り込むことができます。J-PlatPat では，「特許・実用新案分類検索」で先の F タームコードを入力して検索します。

　たとえば，J-PlatPat では，「特許・実用新案分類検索」で「テーマ」に「5J062」を入力し，「検索式」に「AA01 ＊ CC07」と入力します。

　形状や使用方法のように技術用語ではなく，感性で表現されるような発明であっても F タームであれば検索することが可能です。ただし，最新の技術分野については，F タームが付与されていない場合もあります。また，J-PlatPat ではキーワード検索との組み合わせが困難なところが難点です。

### 特許調査で得られる情報

　特許調査をすると発明の内容や権利関係の情報が得られるだけでなく，その会社の開発動向や人的関係の情報も得られます．

　たとえば，その会社全体でどのような分野で出願しているかを「IPC」で分類し，これを IPC ごとに出願件数を調査すると，その会社がどの分野に開発の力を入れているかの情報が得られます．IPC の分類を「セクション」，「クラス」，「サブクラス」，「メイングループ」，「サブグループ」と深めて分類すると，より詳細な情報が得られます．これを年度ごとに時系列に並べると，力を入れている分野の変遷情報が得られます．とくに，新技術の場合は，年代とともに，徐々に出願件数が増えていきますので，将来の新製品を予測することもできます．特定の分野の出願が急に増加している場合はとくに，どのような新製品の発表が近いとかの情報が得られることがあります．

　また，その特許公開公報に掲載されている発明者の名前を時系列に並べると，どのような人材をいつ投入しているかという技術分野ごとの人的リソースの大まかな配置情報も得られます．

　さらに，特定の発明者に限定して時系列に並べると，その発明者がいつどのような分野に業務しているかという発明者の研究動向の情報も得られます．

　ただし，特許公開公報は出願から 1 年 6 カ月で公開されるため，ここで得られるのは 1 年半遅れの情報であることに留意する必要はあります．

### 参考文献

(1) 特許庁編「工業所有権（産業財産法）逐条解説」発明協会，2017 年 3 月（第 20 版）
(2) 宮保憲治，岡田賢治（共著）「技術者・研究所のための特許の取り方」東京電機大学出版局　2012 年 3 月 10 日（第 1 版第 2 刷）　2013 年 2 月 20 日（第 1 版第 2 刷）
(3) 宮保憲治，今野紀子，島田尊正「LED 光の $1/f$ ゆらぎ　－ヒトに与える癒し効果－」pp.29-35，雑誌「光アライアンス，特集：ゆらぎ」，日本工業出版発行，2011 年 10 月

### 参考特許

(1) 「放射線量アラーム付き照明器具」　特開 2013-4190
(2) 「可視光通信システム」　WO/2015/163746
(3) 「可視光照明遠隔制御システム」　特許第 5201617 号

## あとがき

　社会に役立つ新しい技術を創出するためには，要請される機能の実現や利便性を考慮するだけでは不十分です。安全性・信頼性にも配慮して技術を確立する必要があります。現実的な R&D（Research and Development）では，開発コスト，リスク管理に加え，相互協力可能な企業との連携などを考慮に入れる必要があります。すなわち，知的財産権の中核となる特許権の獲得にあたっては，核となる技術に加えて，周辺特許や連携可能な企業との共同特許が有効になる場合も存在します。

　本書ではこれらの点にも鑑み，「特許」を広範な範囲でとらえ，多様な方向からのアプローチを試み，技術者以外の方々や経営者の方にも参考となる書籍に仕上がったと思います。今後，どのように専門分野の技術者の知見を活用するかについては，既存技術の新しい活用方法を工夫して，新サービスの創成に結びつける考えを創出するうえでも，参考になる知見を提供できたと思います。

# 索引

## 英字

| | |
|---|---|
| FI 分類 | 142,149 |
| F ターム | 151 |
| F ターム分類 | 143 |
| IPC | 149 |
| IPC 分類 | 142 |
| J-PlatPat | 135,140,146 |
| PCT | 131 |
| PCT-PPH | 105,132 |
| PPH | 104 |
| PPH MOTTAINAI | 104 |

## あ

| | |
|---|---|
| 意見書 | 71,107 |
| 意見書提出 | 104 |
| 維持年金 | 71 |
| 欧州特許庁 | 133 |
| 親出願 | 88 |

## か

| | |
|---|---|
| 下位概念 | 10,76,86,91,93,97,98,111,113,119 |
| 解決課題 | 112 |
| 外国出願 | 103,128,141 |
| 外的付加 | 11,113,119 |
| 拡大先願 | 88 |
| 刊行物に記載された発明 | 108 |
| キーワード検索 | 146 |
| 記載違反 | 108 |
| 記載不備 | 114 |
| 業として | 73 |
| 拒絶査定 | 71,100 |
| 拒絶査定不服審判 | 71,100,124 |
| 拒絶審決 | 71,125 |

| | |
|---|---|
| 拒絶理由 | 71,107,114,124 |
| クレームアップ | 119 |
| 見解書 | 105 |
| 公開特許公報 | 134 |
| 公開番号 | 135 |
| 公開日 | 135 |
| 公然実施された発明 | 108 |
| 公然知られた発明 | 108 |
| 公表特許公報 | 135 |
| 誤記の訂正 | 122 |
| 国際公開 | 132 |
| 国際事務局 | 132 |
| 国際出願 | 103,131 |
| 国際調査 | 131 |
| 国際調査機関 | 105,131 |
| 国際調査見解書 | 131 |
| 国際調査報告 | 131 |
| 国際予備審査 | 132 |
| 国際予備審査機関 | 105,132 |
| 国内移行 | 105 |
| 誤訳訂正 | 133 |

## さ

| | |
|---|---|
| 再公表公報 | 135 |
| 最後の拒絶理由通知 | 119 |
| 最初の拒絶理由通知 | 119 |
| 産業上の利用可能性 | 105,131 |
| 産業の発達 | 68,81 |
| シーズ指向型の発明 | 9,21,25 |
| 事情説明書 | 103 |
| 実施 | 74,102,103 |
| 実施形態 | 114 |
| 実施料相当額 | 106 |

| | | | |
|---|---|---|---|
| 実体審査 | 70 | | |
| 指定国 | 131 | | |

## た

| | | | |
|---|---|---|---|
| 単一性 | 89,120 |
| 単一性違反 | 96 |

| | |
|---|---|
| 周知 | 112 |
| 周知技術 | 111 |
| 従来技術 | 84 |

| | |
|---|---|
| 知的財産高等裁判所 | 71,125 |

| | |
|---|---|
| 出願公開 | 70,80,88,105 |
| 出願公開の請求 | 80 |

| | |
|---|---|
| 同一発明 | 86,87,88 |
| 当業者 | 111 |

| | |
|---|---|
| 出願審査請求 | 70,101,142 |
| 出願人 | 137,142 |
| 出願番号 | 135 |
| 出願日 | 135,141 |
| 上位概念 | 10,76,86,91,92,97,98,111,121 |
| 詳細な説明 | 120 |
| 情報提供 | 142 |
| 職務発明 | 72 |
| 新規性 | 2,81,115 |
| 新規性違反 | 84,108 |
| 新規性喪失 | 83,130,133 |
| 新規性喪失の例外 | 130 |
| 審決取消訴訟 | 71 |
| 進歩性 | 3,83,93,95,97,98 |
| 審理 | 103,124 |

| | |
|---|---|
| 同日出願 | 88 |
| 登録日 | 139 |
| 登録料 | 71,134 |
| 特許異議申立 | 142,144 |
| 特許協力条約 | 131 |
| 特許権 | 73,124 |
| 特許権者 | 71,139 |
| 特許公報 | 134,137 |
| 特許査定 | 71,124,134 |
| 特許実施例 | 33 |
| 特許出願 | 69 |
| 特許出願人 | 94,99 |
| 特許出願の日 | 94,124 |
| 特許出願前 | 109 |

| | |
|---|---|
| スーパー早期審査 | 103 |
| 図面 | 135,137,139 |

| | |
|---|---|
| 特許情報プラットフォーム | 70,135 |
| 特許審決 | 71,125 |
| 特許審査ハイウェイ | 104 |

| | |
|---|---|
| 請求項 | 30 |
| 請求項の削除 | 122 |
| 生産方法の発明 | 74 |
| 先願 | 7,82,85 |
| 先願主義 | 83,130 |
| 先願性 | 93,100 |
| 選択国 | 132 |
| 先発表型先願主義 | 83 |
| 先発明主義 | 86,130 |

| | |
|---|---|
| 特許請求の範囲 | 96,135,137,139 |
| 特許請求の範囲の減縮 | 122 |
| 特許調査 | 140 |
| 特許登録 | 71 |
| 特許登録料 | 71 |
| 特許独立の原則 | 129 |
| 特許番号 | 139 |
| 特許法の目的 | 68,81 |
| 特許を受ける権利 | 71 |

| | |
|---|---|
| 早期審査 | 103,132 |
| 早期審理 | 103 |
| 創作能力 | 111 |

## な

| | |
|---|---|
| 内国民待遇 | 129 |
| 内的付加 | 113,119 |

| ニーズ指向型 | 13,55 |
|---|---|
| 日本国特許庁 | 131 |
| ノウハウ | 32,76 |

## は

| 発明 | 2,7 |
|---|---|
| 発明者 | 137 |
| 発明の完成 | 69 |
| 発明の効果 | 112 |
| 発明の詳細な説明 | 135,137,139 |
| 発明の目的 | 112 |
| パリ条約 | 129 |
| パリ条約の優先権 | 104 |
| 頒布 | 108 |

| 標準化 | 129 |
|---|---|

| 分割出願 | 88,95 |
|---|---|

| 方式審査 | 69 |
|---|---|
| 包袋禁反言の原則 | 143 |
| 方法の発明 | 74,117 |
| 補償金請求権 | 80,106 |
| 補正 | 119,132 |
| 補正書 | 71,107,118 |
| 翻訳文 | 130 |

## ま

| 無効審判 | 142 |
|---|---|
| 無効理由 | 142 |

| 明細書 | 88,98 |
|---|---|
| 明瞭でない記載の釈明 | 122 |

| 物の発明 | 74,117 |
|---|---|

## や

| 優先権 | 91,130 |
|---|---|
| 優先権基礎出願 | 91 |
| 優先権主張出願 | 91 |
| 優先権出願 | 91,130,143 |
| 優先権制度 | 129 |
| 優先審査 | 102 |

| 要約 | 137,139 |
|---|---|

## ら

| ライセンサー | 145 |
|---|---|
| ライセンシー | 144 |
| ライセンス | 102,144 |
| ライセンス交渉 | 80 |

| 利用可能となった発明 | 108 |
|---|---|
| 利用発明 | 76 |

## 【著者紹介】

### 宮保憲治（みやほ・のりはる）

| | |
|---|---|
| 1974 年 | 電気通信大学電気通信学部応用電子工学科卒，同年日本電信電話公社（現 NTT）入社，電気通信研究所配属 |
| 1997 年 | 工学博士 |
| 2003 年 | 東京電機大学情報環境学部教授，技術士（情報工学部門） |
| 2010 年 | 東京電機大学大学院教授 情報環境学専攻主任，総合研究所情報研究部門長 |
| 2016 年 | 東京電機大学システムデザイン工学部教授，郡山市情報化推進アドバイザー |

#### 主要著書

『技術者のための新サービス企画の提案法』コロナ社，2017 年（共著）
『基本からわかる情報通信ネットワーク講義ノート』オーム社，2016 年（共著）
『ネットワーク技術の基礎（第 2 版）』森北出版，2015 年（共著）
『技術者・研究者のための特許の取り方』東京電機大学出版局，2012 年（共著）
『情報ネットワーク』オーム社，2011 年（共著）
『情報通信概論』オーム社，2011 年（共著）

#### 主な受賞等

電子情報通信学会通信ソサイエティ活動功労賞（2007 年），学術振興基金発明賞（2008 年），ICSNC（International Conference on Systems, Networks and Communications）国際会議最優秀論文賞（2009, 2010 年），学術振興基金論文賞（2012 年），電子情報通信学会フェロー称号受賞（2013 年），電子情報通信学会ネットワークシステム研究賞（2015 年），科学研究費助成事業（科研費）審査委員表彰（2016 年），ICDAMT（International Conference on Digital Arts, Media and Technology）国際会議最優秀論文賞（2017 年）

### 岡田賢治（おかだ・けんじ）

| | |
|---|---|
| 1974 年 | 大阪大学基礎工学部卒，同年日本電信電話公社（現 NTT）入社，電気通信研究所配属 |
| 1986 年 | 工学博士 |
| 2000 年 | 弁理士試験合格 |
| 2001 年 | 特許事務所参画 |
| 2003 年 | アイル知財事務所設立，代表就任，現在に至る |

#### 主要著書

『技術者・研究者のための特許の取り方』東京電機大学出版局，2012 年（共著）
『WDM Networks』Academic Press，2001 年（共著）
『ブロードバンド教科書』IE インスティテュート，2001 年（監修，共著）
『光通信工学』コロナ社，1998 年（分担執筆）
『光加入者通信網』オプトロニクス社，1992 年（共著）

**特許を取ろう！** 技術者・研究者へ贈るコツとテクニック

2017 年 9 月 20 日　第 1 版 1 刷発行　　　　ISBN 978-4-501-63080-5 C3050

著　者　宮保憲治，岡田賢治
　　　　©Miyaho Noriharu, Okada Kenji 2017

発行所　学校法人 東京電機大学　〒120-8551　東京都足立区千住旭町 5 番
　　　　東京電機大学出版局　〒101-0047　東京都千代田区内神田 1-14-8
　　　　　　　　　　　　　　Tel. 03-5280-3433（営業）03-5280-3422（編集）
　　　　　　　　　　　　　　Fax. 03-5280-3563 振替口座 00160-5-71715
　　　　　　　　　　　　　　http://www.tdupress.jp/

JCOPY ＜(社)出版者著作権管理機構 委託出版物＞
本書の全部または一部を無断で複写複製(コピーおよび電子化を含む)すること
は，著作権法上での例外を除いて禁じられています。本書からの複製を希望され
る場合は，そのつど事前に，(社)出版者著作権管理機構の許諾を得てください。
また，本書を代行業者等の第三者に依頼してスキャンやデジタル化をすることは
たとえ個人や家庭内での利用であっても，いっさい認められておりません。
［連絡先］Tel. 03-3513-6969, Fax. 03-3513-6979, E-mail：info@jcopy.or.jp

印刷：三美印刷(株)　　製本：渡辺製本(株)　　装丁：齋藤由美子
落丁・乱丁本はお取り替えいたします。　　　　　Printed in Japan